畜禽粪污资源化利用标准体系解读

农业农村部畜牧兽医局
全国畜牧总站 组编

中国农业科学技术出版社

图书在版编目（CIP）数据

畜禽粪污资源化利用标准体系解读 / 农业农村部畜牧兽医局，全国畜牧总站组编 . -- 北京：中国农业科学技术出版社，2025.2. --ISBN 978-7-5116-7306-0

Ⅰ. X713.05-65

中国国家版本馆 CIP 数据核字第 2025FB9789 号

责任编辑	闫庆健
责任校对	王　彦
责任印制	姜义伟　王思文

出 版 者	中国农业科学技术出版社
	北京市中关村南大街 12 号　邮编：100081
电　　话	（010）82106632（编辑室）　（010）82106624（发行部）
	（010）82109709（读者服务部）
网　　址	https://castp.caas.cn
经 销 者	各地新华书店
印 刷 者	北京捷迅佳彩印刷有限公司
开　　本	140 mm×203 mm　1/32
印　　张	7.375
字　　数	192 千字
版　　次	2025 年 2 月第 1 版　2025 年 2 月第 1 次印刷
定　　价	50.00 元

◆ 版权所有·翻印必究 ◆

《畜禽粪污资源化利用标准体系解读》
编委会

主　任： 辛国昌　左玲玲　沈玉君
副主任： 范运峰　郝志鹏　张利宇　张鸿飞
　　　　　万靓军　张克强　丁京涛
委　员： 刘桂珍　周元清　朱志平　陶秀萍
　　　　　周海宾　闫虹光　李　冉

编写人员

主　编： 左玲玲　周元清　张利宇　赵小丽
副主编： 朱志平　张克强　陶秀萍　周海宾
　　　　　李　冉　刘桂珍　周希梅　曹　烨
编　者：（按姓氏笔画排序）
　　　　　丁　琳　马芳洲　王　健　王　悦
　　　　　王　超　王靖楠　毛锦源　方汉卿
　　　　　尹福斌　左玲玲　包　帅　朱志平
　　　　　刘桂珍　杜会英　杜连柱　李　冉
　　　　　李南西　杨　鹏　杨凤霞　沈仕洲
　　　　　张冬丽　张克强　张利宇　张朋月
　　　　　尚　斌　周元清　周希梅　周海宾
　　　　　孟成明　赵　润　赵小丽　赵恩泽
　　　　　胡小山　姚惠娇　晏　婷　徐鹏翔
　　　　　陶秀萍　程琼仪　瞿中葳

前 言

畜禽粪污资源化利用是解决畜禽养殖污染问题的根本出路，也是治本之策。近年来，各地深入贯彻习近平总书记在中央财经领导小组第十四次会议上的重要讲话精神，全面落实《国务院办公厅关于加快推进畜禽养殖废弃物资源化利用的意见》，强化政策支持引导，加强实用技术推广，推动建立市场化机制，畜禽粪污资源化利用取得了明显成效。

我国畜禽粪污资源化利用总体处于起步阶段，专门人才相对缺乏，加之种养主体分离，种地的不养猪，养猪的不种地，种养不匹配问题普遍存在，畜禽粪污资源化利用还面临不少难点，必须在政策、制度、机制、技术等方面久久为功，持续用力。健全标准体系，加强标准宣贯，促进标准应用，对推动畜禽粪污资源化利用具有重要意义。

本书编写组根据国家标准化管理委员会、农业农村部、生态环境部《关于推进畜禽粪污资源化利用标准体系建设的指导意见》，对现行畜禽粪污资源化利用标准进行了全面梳理，解读标准重点内容，提出标准制修订建议，供基层技术推广机构和养殖主体参考。

书中有不妥之处在所难免，敬请批评指正。

编 者
2025 年 1 月

目 录

总论 ·· 1
  一、畜禽粪污资源化利用基本情况·················· 1
  二、畜禽粪污资源化利用标准体系概况·············· 4
  三、开展畜禽粪污资源化利用标准体系研究的意义···· 7
  四、畜禽粪污资源化利用标准体系建设原则·········· 9

第一章 综合通用类标准 ···························· 24
  一、综合通用类标准现状·························· 24
  二、综合通用类重点标准·························· 38
  三、综合通用类标准建设设想······················ 42

第二章 无害化处理类标准 ·························· 46
  一、畜禽粪污无害化处理现状······················ 46
  二、无害化处理类标准现状························ 52
  三、无害化处理类重点标准························ 102
  四、无害化处理类标准建设设想···················· 107

第三章 畜禽粪肥还田类标准 ························ 113
  一、畜禽粪肥还田现状···························· 113
  二、畜禽粪肥还田类标准现状······················ 117
  三、畜禽粪肥还田类重点标准······················ 137

四、畜禽粪肥还田类标准建设设想……………………143

第四章　气体管控类标准……………………………148
　　一、畜牧业气体排放现状……………………………148
　　二、气体管控类标准现状……………………………153
　　三、气体管控类重点标准……………………………180
　　四、气体管控类标准建设设想………………………183

第五章　检测方法类标准……………………………188
　　一、畜牧业环境指标检测工作现状…………………188
　　二、检测方法类标准现状……………………………202
　　三、检测方法类重点标准……………………………216
　　四、检测方法类标准建设设想………………………219

总　　论

2016年12月，习近平总书记在十八届中央财经领导小组第十四次会议上强调，加快推进畜禽养殖废弃物处理和资源化，关系六亿多农村居民生产生活环境，关系农村能源革命，关系能不能不断改善土壤地力、治理好农业面源污染，是一件利国利民利长远的大好事。习近平总书记的重要讲话精神，为畜禽粪污资源化利用工作提供了根本遵循，也为加快相关标准制修订提供了重要依据。

一、畜禽粪污资源化利用基本情况

畜牧业是关乎国计民生的重要产业，是农业农村经济的支柱产业，是农业现代化的标志性产业，关系老百姓"菜篮子"，关系农牧民增收致富。我国是世界上主要的畜牧业生产大国，饲养了全世界约1/2的猪、1/3的家禽、1/5的羊、1/11的牛。2023年，全国肉类产量9 748万吨、禽蛋产量3 563万吨、奶类产量4 281万吨。其中，猪肉、羊肉、禽蛋产量均居世界首位；禽肉、牛肉、牛奶产量分别居世界第二、第三和第四位。近年来，畜禽养殖规模化率不断提高，由2003年的20.6%增加到2023年的73.2%。

随着我国畜牧业持续快速发展，特别是规模化养殖水平显著提高，在有效保障肉蛋奶供给的同时，畜禽粪污处理问题日渐突出。为加快推进畜禽粪污资源化利用，构建种养结合农牧循环发展格局，农业农村部门立足畜牧业绿色发展大局，聚焦畜禽粪污综合利用率和规模养殖场粪污处理设施装备配套率两大目标任务，构建制度体系，落实扶持政策，强化技术推广，为畜牧业稳产保供提供了坚实基础。截至2023年底，全国畜禽粪污综合利用率达到79.4%，比2015年提高了19.4个百分点；规模养殖场粪污处理设施装备配套率稳定在97%以上，比2015年提高了47%，大型畜禽规模养殖场粪污处理设施装备配套率达到100%。

一是制度体系逐步健全。2017年，国务院办公厅印发了《关于加快推进畜禽养殖废弃物资源化利用的意见》（国办发〔2017〕48号），对畜禽养殖废弃物资源化利用工作作出具体部署，提出健全畜禽粪污还田利用和检测标准体系、建立畜禽粪污还田等资源治理的属地管理责任制度、建立以还田利用等指标为重点的畜禽养殖废弃物资源化利用绩效评价考核制度、构建解决粪肥还田"最后一公里"的种养循环发展机制，明确了当前和今后一个时期畜禽养殖废弃物资源化利用的指导思想、基本原则、目标任务和保障措施。2021年，生态环境部印发《农业农村污染治理攻坚战行动方案（2021—2025年）》，要求推进畜禽粪污资源化利用，严格畜禽养殖污染防治。2022年，第十三届全国人民代表大会常务委员会第三十七次会议修订通过《中华人民共和国畜牧法》，进一步明确了畜禽粪污无害化处理和资源化利用管理规定，强调国家支持建设和改善畜禽粪污收集、储存、粪污无害化处理和资源化利用设施，推行畜禽粪污养分平衡管理，促进农用有机肥利用和种养结合发展。

二是政策力度前所未有。"十三五"以来，国家有关部门加大了政策支持力度，持续推进畜禽粪污资源化利用，取得了显著成效，为农业农村现代化发展提供了有力支撑。2017年，启动畜禽粪污资源化利用整县推进项目，以畜牧大县为重点，支持建设粪污处理和粪肥利用设施设备，"十三五"期间实现了畜牧大县全覆盖。2021年，农业农村部联合国家发展和改革委员会印发《"十四五"全国畜禽粪肥利用种养结合建设规划》，提出坚持以用促治、利用优先，推动粪肥低成本还田利用，继续实施畜禽粪污资源化利用整县推进工程，促进种养结合农牧循环。目前，国家投资累计达到376亿元，共支持项目县950个，以县域为单位的粪污处理和资源化利用水平得到整体提升。同时，针对畜禽养殖带来的污染问题，各地也逐步出台了一些支持政策，大力推进粪污源头减量、规范处理和还田利用，加快构建种养循环发展机制，进一步明确了畜禽粪污综合利用的政策导向，我国畜禽污染防治体系不断健全，引导畜禽粪污处理和资源化利用加快推进。

三是技术支撑不断强化。2017年，农业部印发《畜禽粪污资源化利用行动方案（2017—2020年）》，提出根据我国现阶段畜禽养殖现状和资源环境特点，以源头减量、过程控制、末端利用为核心，总结了中国七大养殖区域的七大主要技术模式：污水肥料化利用、粪污全量收集还田利用、粪污专业化能源利用、粪便垫料回用、异位发酵床、污水深度处理以及污水达标排放。2019年，农业农村部成立畜禽养殖废弃物资源化利用技术指导委员会，大力推广粪污全量还田、堆肥利用等9种典型技术模式。2022年，农业农村部联合生态环境部印发《畜禽养殖场（户）粪污处理设施建设技术指南》，细化规范提出设施建设的总体要求和七大类设施建设内容，实现养殖主体全覆盖。各区域立足实际、发挥优势，科学合理选择畜禽粪污资源化利用技术模式，积极探索多样化粪肥还田利用种养结合发展路径。组织编印《畜禽粪肥还田利用典型案例》等书籍，强化技术推广和宣传引导。

经过持续努力，我国畜禽养殖业污染物排放实现排放总量和单位畜禽排放强度双下降，尤其是单位畜禽污染物排放强度大幅度下降，畜禽养殖粪污资源化利用和污染防治取得了显著成效。

《第二次全国污染源普查公报》显示，畜牧业水污染物排放量：化学需氧量1 000.53万吨，氨氮11.09万吨，总氮59.63万吨，总磷11.97万吨。其中，畜禽规模养殖场水污染物排放量：化学需氧量604.83万吨，氨氮7.50万吨，总氮37.00万吨，总磷8.04万吨。第二次全国污染源普查所覆盖的养殖量约为8.14亿头猪当量，而2007年第一次全国污染源普查（以下简称"一污普"）所覆盖的养殖量约为4.41亿头猪当量；"二污普"与"一污普"相比，养殖量增加了约3.73亿头猪当量，但全国畜禽养殖化学需氧量、总氮和总磷排放总量分别降低了21.1%、41.8%和25.4%。化学需氧量、总氮、氨氮和总磷排放强度分别为11.56千克/头、0.69千克/头、0.13千克/头和0.14千克/头，其中，化学需氧量、总氮和总磷排放强度，较"一污普"分别下降了55.5%、67.2%和57.9%（"一污普"未调查畜禽养殖业的氨氮排放量）。

二、畜禽粪污资源化利用标准体系概况

我国针对畜禽粪污资源化利用的标准研究制定起步比较晚，结合畜禽养殖业发展，大致经历了4个阶段：空白阶段、实践探索阶段、初步发展阶段和系统推进阶段。

（一）空白阶段（2000年以前）

这个阶段，国家经济总量较小，综合国力较弱，技术水平也相对较低，畜禽养殖以散养为主。中共中央在1982—1986年连续5年发布以农业、农村和农民为主题的中央一号文件，对农村改革和农业发展作出具体部署。畜牧养殖主要以家庭散户为主，且养殖量较小，难以形成规模，除国营农场外基本不存在规模化养殖，畜禽粪污是大家抢着要的宝贝，不存在畜禽养殖污染问题。畜禽

养殖在这一阶段得到了一定的发展，但是畜禽粪污综合利用意识尚未形成，畜禽粪污凭经验还田利用，标准方面仅有农业部（现称农业农村部）发布的《畜禽场环境质量标准》（NY/T 388—1999），关注畜禽场环境质量，并未出现关于畜禽粪污资源化利用的专项标准。

（二）实践探索阶段（2001—2009年）

随着居民收入水平提高，对畜产品的需求急剧增加，同时由于农业生产体制改革和政策大力的支持，畜牧业加快发展，畜禽养殖方式逐步转变，畜牧业结构优化和产业化经营步伐加快，专业化、集约化饲养水平提高，畜牧业产值在农业生产中的比重增加。与此同时，畜禽养殖带来的环境污染问题逐渐得到重视，部分规模化畜禽养殖主体，开始探索畜禽粪污治理的模式与路径。2001年环境保护总局出台《畜禽养殖污染防治管理办法》，发布《畜禽养殖业污染物排放标准》（GB 18596—2001），2009年发布《畜禽养殖业污染治理工程技术规范》（HJ 497—2009），畜禽养殖污染防治主要侧重于末端治理，仅少部分规模较大养殖场建有粪污处理设施。这一时期，各地开始大力推广沼气技术，积极解决和防治畜禽养殖废弃物带来的环境问题，畜禽养殖及废弃物处理技术被列入农业重点技术。

（三）初步发展阶段（2010—2015年）

党的十八大以来，扎实推进畜牧业供给侧结构性改革，着力加快畜牧业转型升级，大力发展标准化规模养殖，畜牧业的综合生产能力和整体科技水平得到显著增强，畜产品有效供给和质量安全得到保障，畜牧业向集团化、高效化、绿色化转变，畜牧业环境问题备受关注，畜禽养殖废弃物管理被纳入到环境保护重点工作，开展系统规划畜禽养殖污染防治工作。畜禽养殖污染防治以总量控制为主,推行清洁养殖技术和生态养殖方式,基本形成了以资源化利用为主的防治思路。《畜禽粪便还田技术规范》(GB/T 25171—2010)发布后,畜禽粪污资源化利用更关注农田利用,但粪污处理设施建设运行仍缺乏规范化操作。

(四) 系统推进阶段 (2016 年至今)

2016 年以后,我国畜禽养殖污染防治政策转变为以环境质量为核心,畜禽粪污资源化利用技术等相关的国家和行业标准逐渐形成体系,畜禽粪污资源化利用逐步实现规范化和标准化,以畜禽粪污资源化利用为主导的畜禽养殖污染防治思路全面形成。经过各有关部门的共同努力,畜禽粪污资源化利用取得明显成效,带动畜牧业生产方式加快转变。2023 年,国家标准化管理委员会、农业农村部、生态环境部联合印发《关于推进畜禽粪污资源化利用标准体系建设的指导意见》,围绕综合通用、无害化处理、粪肥利用、气体管控、检测方法 5 个方面,提出到 2030 年,推动制修订国家标准、行业标准,出台一批地方标准、团体标准和企业标准,进一步完善畜禽粪污资源化利用标准体系。

畜禽粪污资源化利用标准是畜禽粪污收集、处理、利用和检测等过程的依据和准则。随着畜禽粪污资源化利用标准的不断健全,基本形成了"源头减量、过程控制、末端利用"的技术体系,技术手段不断完善优化。在源头减量方面,现行有《畜禽场环境污染控制技术规范》(NY/T 1169—2006)、《畜禽粪污处理场建设标准》(NY/T 3023—2016)、《密集养殖区畜禽粪便收集站建设技术规范》(NY/T 3670—2020) 等,鼓励畜舍外侧开挖明沟,用于收集雨水,汇入雨水管网,所有粪、污水(尿水)须全密闭收集,确保排污系统不暴露,将畜禽养殖场区粪污与雨水分流收集。在过程控制方面,现行标准包括《畜禽粪便无害化处理技术规范》(GB/T 36195—2018)、《畜禽养殖粪便堆肥处理与利用设备》（GB/T 28740—2012）、《畜禽粪便贮存设施设计要求》（GB/T 27622—2011）、《规模化畜禽养殖场沼气工程验收规范》（NY/T 2599—2014）、《沼气工程沼液沼渣后处理技术规范》（NY/T 2374—2013）、《畜禽粪便堆肥技术规范》（NY/T 3442—2019）等一系列标准，通过堆肥发酵、粪水处理以及臭气控制等技术，减少氮磷和臭气排放，降解有机污染物，实现粪污的无害化处理。在末端利用方面，现行标准包括《畜禽粪便还田技术规范》（GB/T 25246—2010）、《农用沼液》（GB/T 40750—2021）、《沼肥施用技术规范》（NY/T 2065—2011）、《畜禽粪水还田技术规程》（NY/T 4046—2021）、《畜禽粪便土地承载力测算方法》（NY/T 3877—2021），这一系列标准针对不同形态畜禽粪污的利用方式及土地承载能力进行了详细规定。

截至2024年，畜禽粪污资源化利用相关的现行国家标准和行业标准共有86项，其中国家标准24项，行业标准62项；强制性标准10项，推荐性标准76项。按照分类，综合通用类标准12项，无害化处理类标准45项，粪肥利用类标准13项，气体管控类标准10项，检测方法类标准6项（图1）。

三、开展畜禽粪污资源化利用标准体系研究的意义

标准是经济活动和社会发展的技术支撑，是国家基础性制度的重要方面。标准化在推进国家治理体系和治理能力现代化中发挥着基础性、引领性作用。新时代推动高质量发展、全面建设社会主义现代化国家，迫切需要进一步加强标准化工作。我国已进入以中国式现代化全面推进强国建设、民族复兴伟业的关键时期，全面推动畜禽粪污资源化利用标准体系建设，规范畜禽粪

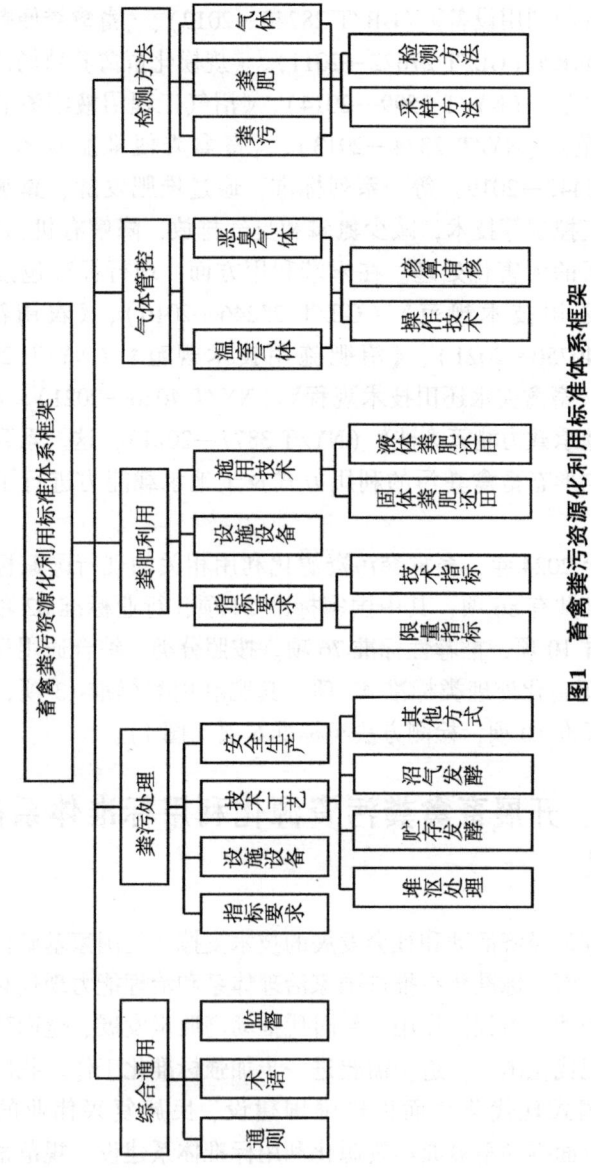

图1 畜禽粪污资源化利用标准体系框架

污资源化利用全过程质量管理和检测技术，研究确定不同气候、不同土壤、不同作物的畜禽粪肥施用方法，既是落实党中央、国务院关于加快推进畜禽养殖废弃物资源化利用重要指示精神的重要举措，也是落实《关于推进畜禽粪污资源化利用标准体系建设的指导意见》的实际行动，还是推动我国畜牧业绿色低碳循环发展和保障畜产品安全稳定供给的必要支撑。

畜禽粪污资源化标准体系的研究，具有一定的前瞻性和权威性。研究过程中，编写组全面梳理了现行畜禽粪污资源化利用标准，结合生产实际深入分析了现行标准存在的主要问题，提出标准制修订建议，期望能够为今后一定时期内标准制修订立项以及标准的科学管理提供基本依据，为基层工作者和养殖主体畜禽粪污资源化利用标准落地实施提供参考借鉴，促进全过程各阶段实用技术集成推广应用。随着畜禽粪污资源化利用标准化管理水平的不断提高，在标准体系的统一规划和指导下，将引导制定出台更多指导性、操作性、可读性强的高质量国家标准、行业标准和地方标准，减少标准之间的重复和矛盾，解决相关标准主要指标数值和核心技术要求不协调、不匹配、不实用等问题，为畜禽粪污资源化利用提供有力支撑。

四、畜禽粪污资源化利用标准体系建设原则

（一）注重整体谋划

标准体系建设应做到结构优化、数量合理、层次清楚、分类明确、协调配套，要基本覆盖畜禽粪污资源化利用全过程各阶段技术领域，各部门、各地区、各主体要根据畜禽粪污资源化利用的现实需求加强谋划，组织制定适用性强、实践急需的国家标准、行业标准，增强标准体系的协调性和统一性。

(二) 注重由"治"转"用"

面向解决畜禽粪污资源化利用突出问题，综合考虑现阶段种养业发展现状，优先制修订并推动实施一批对生产发展和污染防治有重要指导意义的标准，以推动畜禽粪肥就地就近还田利用为重点，助力土壤地力改善、化肥减量、畜禽养殖污染和农业面源污染治理，规范畜禽粪污资源化处理和安全利用，着力打通畜禽粪肥还田"最后一公里"，推动畜禽粪污由"治"向"用"转变，从而使畜禽粪污资源化利用对减排、固碳、肥地、增效的综合作用得到充分发挥。

(三) 注重内容衔接

健全畜禽粪污资源化利用标准体系，建立分工明确、共同推进的工作机制，国家标准化管理委员会、农业农村部、生态环境部加强整体谋划和工作指导，充分调动各方积极性，促进畜禽粪肥还田、沼气和生物天然气利用、畜禽养殖污染防治、环境监督评价等各方面标准的有效对接，加快标准制修订。全国畜牧业标准化技术委员会等相关标准化技术委员会按职责制定工作方案，发挥农业农村部畜禽养殖废弃物资源化利用技术指导委员会技术支撑作用，充分吸纳生态环境等相关部门专家参与，协同推进标准研究与制修订（表1）。

表1 2000年以来我国出台的畜禽粪污资源化利用相关政策文件

序号	名称	文号	类型	发布时间
1	畜禽养殖污染防治管理办法（2016年7月13日废止）	国家环境保护总局令第9号	总局令	2001年3月20日

(续表)

序号	名称	文号	类型	发布时间
2	中华人民共和国畜牧法	主席令第四十五号	法律	2006年7月1日
3	中华人民共和国水污染防治法	主席令第八十七号	法律	2008年6月1日
4	国务院关于加强环境保护重点工作的意见	国发〔2011〕35号	指导意见	2011年10月20日
5	"十二五"资源综合利用指导意见	发改环资〔2011〕2919号	指导意见	2011年12月10日
6	畜禽规模养殖污染防治条例	国务院令第643号	法规	2014年1月1日
7	国务院办公厅关于改善农村人居环境的指导意见	国办发〔2014〕25号	指导意见	2014年5月29日
8	中华人民共和国环境保护法	主席令第九号	法律	2015年1月1日
9	农业部关于印发《到2020年化肥使用量零增长行动方案》和《到2020年农药使用量零增长行动方案》的通知	农农发〔2015〕2号	规划方案	2015年2月17日
10	国务院关于印发水污染防治行动计划的通知	国发〔2015〕17号	规划方案	2015年4月16日
11	农业部关于打好农业面源污染防治攻坚战的实施意见	农科教发〔2015〕1号	指导意见	2015年4月10日
12	全国农业可持续发展规划（2015—2030年）	农计发〔2015〕145号	规划方案	2015年5月20日

(续表)

序号	名称	文号	类型	发布时间
13	国务院办公厅关于加快转变农业发展方式的意见	国办发〔2015〕59号	指导意见	2015年7月30日
14	农业部办公厅关于配合做好畜禽养殖禁养区划定工作的通知	农办牧〔2015〕21号	指导意见	2015年8月10日
15	关于促进南方水网地区生猪养殖布局调整优化的指导意见	农牧发〔2015〕11号	指导意见	2015年11月26日
16	畜牧业绿色发展示范县创建活动方案及考核办法	农办牧〔2016〕17号	规划方案	2016年4月13日
17	全国生猪生产发展规划（2016—2020年）	农牧发〔2016〕6号	规划方案	2016年4月18日
18	洞庭湖区畜禽水产养殖污染治理试点工作方案	农办牧〔2016〕19号	规划方案	2016年5月6日
19	农业部办公厅 财政部办公厅关于做好2016年农业生产全程社会化服务试点工作的通知	农办财〔2016〕36号	支持政策	2016年5月23日
20	国务院关于印发土壤污染防治行动计划的通知	国发〔2016〕17号	规划方案	2016年5月28日
21	关于推进农业废弃物资源化利用试点的方案	农计发〔2016〕90号	规划方案	2016年8月11日
22	中华人民共和国环境影响评价法（2003年9月1日起施行）	主席令第四十八号	法律	2016年9月1日

(续表)

序号	名称	文号	类型	发布时间
23	农业综合开发区域生态循环农业项目指引（2017—2020年）	农办计〔2016〕93号	支持政策	2016年9月26日
24	畜禽养殖禁养区划定技术指南	环办水体〔2016〕99号	技术导则	2016年10月24日
25	农业资源与生态环境保护工程"十三五"规划	农计发〔2016〕99号	规划方案	2016年12月30日
26	农业部关于认真贯彻落实习近平总书记重要讲话精神加快推进畜禽粪污处理和资源化工作的通知	农牧发〔2017〕1号	指导意见	2017年1月13日
27	全国农村沼气"十三五"发展规划	发改农经〔2017〕178号	规划方案	2017年1月25日
28	开展果菜茶有机肥替代化肥行动方案	农农发〔2017〕2号	规划方案	2017年2月8日
29	关于打好2017年农业面源污染防治攻坚战重点工作安排的通知	农办科〔2017〕8号	规划方案	2017年2月28日
30	畜禽粪污资源化处理典型7种模式	畜牧业工作动态17期		2017年3月22日
31	重点流域农业面源污染综合治理示范工程建设规划（2016—2020年）	农办科〔2017〕16号	规划方案	2017年3月24日
32	农业部 财政部关于做好2017年畜禽粪污资源化利用试点工作的预备通知	农财金函〔2017〕22号	规划方案	2017年5月10日

(续表)

序号	名称	文号	类型	发布时间
33	国务院办公厅关于加快推进畜禽养殖废弃物资源化利用的意见	国办发〔2017〕48号	指导意见	2017年5月31日
34	农业部 财政部关于做好畜禽粪污资源化利用项目实施工作的通知	农牧发〔2017〕10号	通知文件	2017年6月14日
35	农业部关于印发《畜禽粪污资源化利用行动方案（2017—2020年）》的通知	农牧发〔2017〕11号	规划方案	2017年7月7日
36	国家发展改革委办公厅农业部办公厅关于整县推进畜禽粪污资源化利用工作的通知	发改办农经〔2017〕1352号	通知文件	2017年8月1日
37	环境保护部关于在畜禽养殖废弃物资源化利用过程中加强环境监管的通知	环水体〔2017〕120号	通知文件	2017年9月8日
38	农业部办公厅关于统筹做好畜牧业发展和畜禽粪污治理工作的通知	农办牧〔2017〕65号	指导意见	2017年12月25日
39	农业部办公厅关于印发《畜禽规模养殖场粪污资源化利用设施建设规范（试行）》的通知	农办牧〔2018〕2号	通知文件	2018年1月5日
40	农业部办公厅关于统筹做好畜牧业发展和畜禽粪污治理工作的通知	农办牧〔2017〕65号	通知文件	2018年1月20日

(续表)

序号	名称	文号	类型	发布时间
41	农业部办公厅关于印发《畜禽粪污土地承载力测算技术指南》的通知	农办牧〔2018〕1号	通知文件	2018年1月22日
42	农业部办公厅关于印发《2018年畜牧业工作要点》的通知	农办牧〔2018〕6号	通知文件	2018年1月30日
43	国家发展改革委会同农业部下达畜禽粪污资源化利用工程等专项2018年中央预算内投资计划	发改投资〔2018〕237号	规划方案	2018年2月6日
44	农业部办公厅关于印发《畜禽规模养殖场粪污资源化利用设施建设规范（试行）》的通知	农办牧〔2018〕2号	通知文件	2018年1月5日
45	农业部办公厅关于印发《畜禽粪污土地承载力测算技术指南》的通知	农办牧〔2018〕1号	通知文件	2018年1月15日
46	农业农村部办公厅关于印发《2018年推进农业机械化全程全面发展重点技术推广行动方案》的通知	农办机〔2018〕9号	通知文件	2018年4月16日
47	农业农村部财政部关于做好2018年畜禽粪污资源化利用项目实施工作的通知	农牧发〔2018〕6号	通知文件	2018年5月11日

(续表)

序号	名称	文号	类型	发布时间
48	农业农村部办公厅关于做好畜禽粪污资源化利用跟踪监测工作的通知	农办牧〔2018〕28号	通知文件	2018年6月7日
49	农业农村部办公厅关于开展畜禽养殖标准化示范创建活动的通知	农办牧〔2018〕27号	通知文件	2018年5月17日
50	农业农村部财政部关于做好2018年畜禽粪污资源化利用项目实施工作的通知	农牧发〔2018〕6号	通知文件	2018年5月11日
51	农业农村部关于深入推进生态环境保护工作的意见	农科教发〔2018〕4号	指导意见	2018年7月13日
52	农业农村部办公厅财政部办公厅关于公布2018年畜禽粪污资源化利用项目备案情况的通知	农办牧〔2018〕37号	通知文件	2018年8月10日
53	农业农村部关于深入推进生态环境保护工作的意见	农科教发〔2018〕4号	指导意见	2018年7月13日
54	农业农村部关于切实做好大型规模养殖场畜禽粪污资源化利用工作的通知	农牧发〔2018〕8号	通知文件	2018年9月5日
55	农业农村部办公厅财政部办公厅关于公布2018年畜禽粪污资源化利用项目备案情况的通知	农办牧〔2018〕37号	通知文件	2018年8月10日

(续表)

序号	名称	文号	类型	发布时间
56	农业农村部关于切实做好大型规模养殖场畜禽粪污资源化利用工作的通知	农牧发〔2018〕8号	通知文件	2018年9月5日
57	农业农村部关于支持长江经济带农业农村绿色发展的实施意见	农计发〔2018〕23号	指导意见	2018年9月11日
58	中共中央 国务院印发《乡村振兴战略规划（2018—2022年）》		规划方案	2018年10月20日
59	农业农村部关于支持长江经济带农业农村绿色发展的实施意见	农计发〔2018〕23号	指导意见	2018年9月11日
60	农业农村部办公厅关于加快推进畜禽粪污资源化利用机具试验鉴定有关工作的通知	农办机〔2018〕29号	通知文件	2018年12月27日
61	农业农村部办公厅关于印发推进长江经济带农业农村绿色发展2019年工作要点的通知	农办规〔2019〕5号	通知文件	2019年3月19日
62	农业农村部关于印发畜禽养殖废弃物资源化利用2019年工作要点的通知	农办牧〔2019〕33号	通知文件	2019年3月25日
63	农业农村部办公厅关于印发畜禽养殖废弃物资源化利用2019年工作要点的通知	农办牧〔2019〕33号	通知文件	2019年3月25日

(续表)

序号	名称	文号	类型	发布时间
64	农业农村部办公厅关于印发《2019年农业农村绿色发展工作要点》的通知	农办规〔2019〕11号	通知文件	2019年4月2日
65	农业农村部财政部关于做好2019年畜禽粪污资源化利用项目实施工作的通知	农牧发〔2019〕14号	通知文件	2019年4月24日
66	农业农村部财政部关于做好2019年畜禽粪污资源化利用项目实施工作的通知	农牧发〔2019〕14号	通知文件	2019年4月24日
67	农业农村部办公厅关于陕北地区羊粪污处理设施建设问题的意见	农办牧函〔2019〕18号	指导意见	2019年6月6日
68	国家发展和改革委员会办公厅农业农村部办公厅关于做好稳定生猪生产中央预算内投资安排工作的通知	发改办农经〔2019〕899号	通知文件	2019年9月7日
69	农业农村部办公厅财政部办公厅关于公布2019年畜禽粪污资源化利用项目备案情况的通知	农办牧〔2019〕58号	通知文件	2019年9月18日
70	农业农村部办公厅关于促进家禽等养殖业发展增加肉蛋产品供应的通知	农办牧〔2019〕62号	通知文件	2019年9月10日
71	农业农村部关于加快畜牧业机械化发展的意见	农机发〔2019〕6号	指导意见	2019年12月25日

(续表)

序号	名称	文号	类型	发布时间
72	农业农村部办公厅关于印发《2020年畜牧兽医工作要点》的通知	农办牧〔2020〕11号	通知文件	2020年2月20日
73	农业农村部关于印发《加快生猪生产恢复发展三年行动方案》的通知	农牧发〔2019〕39号	通知文件	2019年12月4日
74	农业农村部关于加快畜牧业机械化发展的意见	农机发〔2019〕6号	指导意见	2020年4月14日
75	中华人民共和国固体废物污染环境防治法	主席令第四十三号	法律	2020年4月30日
76	农业农村部办公厅关于做好《国家畜禽遗传资源目录》贯彻实施有关工作的通知	农办种〔2020〕10号	通知文件	2020年5月29日
77	农业农村部办公厅生态环境部办公厅关于进一步明确畜禽粪污还田利用要求强化养殖污染监管的通知	农办牧〔2020〕23号	通知文件	2020年6月4日
78	农业农村部办公厅财政部办公厅关于做好2020年畜禽粪污资源化利用工作的通知	农办牧〔2020〕32号	通知文件	2020年7月3日
79	农业农村部办公厅关于做好《国家畜禽遗传资源目录》贯彻实施有关工作的通知	农办种〔2020〕10号	通知文件	2020年5月29日

(续表)

序号	名称	文号	类型	发布时间
80	农业农村部办公厅关于进一步做好病死畜禽无害化处理工作的通知	农办牧〔2021〕21号	通知文件	2021年4月8日
81	国家黑土地保护工程实施方案（2021—2025年）	农建发〔2021〕3号	规划方案	2021年6月30日
82	农业农村部国家发展和改革委员会科学技术部自然资源部生态环境部 国家林草局关于印发《"十四五"全国农业绿色发展规划》的通知	农规发〔2021〕8号	通知文件	2021年8月23日
83	中共中央 国务院关于完整准确全面贯彻新发展理念做好碳达峰碳中和工作的意见		指导意见	2021年9月22日
84	"十四五"长江经济带发展实施方案		规划方案	2021年9月23日
85	农业农村部国家发展和改革委员会关于印发《"十四五"畜禽粪肥利用种养结合建设规划》《重点流域农业面源污染综合治理建设规划》的通知	农计财发〔2021〕33号	通知文件	2021年10月
86	生态环境部办公厅 农业农村部办公厅《关于进一步加快推进畜禽养殖污染防治规划编制的通知》	环办土壤函〔2022〕82号	通知文件	2021年10月4日

(续表)

序号	名称	文号	类型	发布时间
87	国务院关于印发2030年前碳达峰行动方案的通知	国发〔2021〕23号	通知文件	2021年10月24日
88	中共中央 国务院关于深入打好污染防治攻坚战的意见		指导意见	2021年11月2日
89	"十四五"推进农业农村现代化规划	国发〔2021〕25号	规划方案	2021年11月12日
90	黄河流域生态保护和高质量发展规划纲要		规划方案	2021年11月30日
91	农业农村部关于印发《"十四五"全国农业农村科技发展规划》的通知	农科教发〔2021〕13号	通知文件	2021年12月24日
92	农业农村部办公厅 生态环境部办公厅关于加强畜禽粪污资源化利用计划和台账管理的通知	农办牧〔2021〕46号	通知文件	2021年12月27日
93	国务院关于印发"十四五"节能减排综合工作方案的通知	国发〔2021〕33号	通知文件	2021年12月28日
94	关于印发"十四五"土壤、地下水和农村生态环境保护规划的通知	环土壤〔2021〕120号	通知文件	2021年12月29日
95	关于印发《农业农村污染治理攻坚战行动方案（2021—2025年）》的通知	环土壤〔2022〕8号		2022年1月19日

(续表)

序号	名称	文号	类型	发布时间
96	农业农村部关于印发《"十四五"全国农业农村信息化发展规划》的通知	农市发〔2022〕4号	通知文件	2022年2月22日
97	关于印发《"十四五"生态保护监管规划》的通知	环生态〔2022〕15号	通知文件	2022年3月1日
98	农业农村部国家发展和改革委员会关于印发《农业农村减排固碳实施方案》的通知	农科教发〔2022〕2号	通知文件	2022年5月7日
99	病死畜禽与病害畜禽产品无害化处理管理办法	中华人民共和国农业农村部令2022年第3号	规范	2022年5月11日
100	生态环境部国家发展和改革委员会自然资源部 水利部关于印发《黄河流域生态环境保护规划》的通知		通知文件	2022年6月11日
101	"十四五"城市黑臭水体整治环境保护行动方案	环办水体〔2022〕8号	规划方案	2022年7月17日
102	住房和城乡建设部生态环境部国家发展改革委水利部关于印发深入打好城市黑臭水体治理攻坚战实施方案的通知	建城〔2022〕29号	通知文件	2022年3月28日
103	关于印发《黄河生态保护治理攻坚战行动方案》的通知	环综合〔2022〕51号	通知文件	2022年8月5日

(续表)

序号	名称	文号	类型	发布时间
104	农业农村部办公厅生态环境部办公厅关于印发《畜禽养殖场（户）粪污处理设施建设技术指南》的通知	农办牧〔2022〕19号	通知文件	2022年6月24日
105	中华人民共和国黄河保护法	主席令第一二三号	法律	2022年10月30日
106	中华人民共和国畜牧法	主席令第四十五号	法律	2022年10月30日
107	农业农村部办公厅关于印发《国家农业绿色发展先行区整建制全要素全链条推进农业面源污染综合防治实施方案》的通知	农办规〔2023〕16号	通知文件	2023年3月28日
108	重点流域水生态环境保护规划		规划方案	2023年4月
109	国家标准化管理委员会农业农村部生态环境部关于推进畜禽粪污资源化利用标准体系建设的指导意见	国家标准委联〔2023〕36号	指导意见	2023年8月4日

第一章 综合通用类标准

一、综合通用类标准现状

《关于推进畜禽粪污资源化利用标准体系建设的指导意见》中综合通用类标准包括通则、术语和监督三类标准。

（一）综合通用类标准基本情况

现行有效的综合通用类标准共 24 项，其中，国家标准 6 项、行业标准 5 项、地方标准 13 项，具体内容如表 2 所示。

现行有关国家标准有 6 项，包括基础术语标准 1 项、监督标准 5 项。术语标准是粪污资源化利用相关工作的重要基础，对通用概念进行界定；监督标准是畜禽粪污处理和利用监管的重要依据，现有标准主要集中于排放标准，聚焦粪污资源化的环境影响分析和预判，以便防患于未然。

现行有关行业标准有 5 项，监督标准围绕固体和液体粪污循环利用，其中，对用于农业、林业、牧业的用水控制项目和指标限值进行了规定；评价标准分别由农业农村部和生态环境部提出，两部门高度重视粪污资源化利用工作的实际效果：《畜禽养殖产地环境评价规范》（HJ 568—2010）规定了各类畜禽养殖产地的水环境质量、土壤环境质量、环境空气质量和声环境质量评价指

第一章　综合通用类标准

表 2　现行畜禽粪污资源化利用综合通用类标准

标准号	标准名称	所属类别	发布年份	提出单位	适用范围	主要内容
			国家标准			
GB 3838—2002	地表水环境质量标准	监督	2002	国家环境保护总局、国家质量监督检验检疫总局	江河、湖泊、运河、渠道、水库等具有使用功能的地表水域	规定了水质项目及标准值、水质评价、水质项目的分析方法及标准的实施与监督
GB 5084—2021	农田灌溉水质标准	监督	2021（修订）	生态环境部、国家市场监督管理总局	地表水、地下水作为农田灌溉水源的水质监督管理。城镇污水以及综合利用的畜禽养殖废水、农产品加工废水进入农村生活污水进入农田灌溉渠道，其下游最近的灌溉取水点的水质以本标准进行监督管理	农田灌溉水质要求，监测与分析方法及监督管理要求
GB 8978—1996	污水综合排放标准	监督	1996	国家环境保护总局、国家技术监督局	现有单位水污染物的排放管理，以及建设项目的环境影响评价、建设项目环境保护设施设计、竣工验收及其投产后的排放管理	污水排放去向，分年限规定了 69 种水污染物最高允许排放浓度及部分行业最高允许排水量

(续表)

标准号	标准名称	所属类别	发布年份	提出单位	适用范围	主要内容
GB 18596—2001	畜禽养殖业污染物排放标准	监督	2001	国家环境保护总局	集约化畜禽养殖场管理、污染区污染物排放管理,以及建设项目环境影响评价、环保设施设计、竣工验收及其投产后的排放管理	集约化畜禽养殖场的不同规模分别规定了水污染物、恶臭气体的最高允许日均排放浓度、最高允许排水量、畜禽养殖业废渣无害化环境标准
GB/T 19525.2—2004	畜禽场环境质量评价准则	监督	2004	国家质量监督检验检疫总局、国家标准化管理委员会	规模化畜禽场的环境质量和环境影响评价工作	新建、改建、扩建畜禽场环境质量评价的程序、方法、内容及要求
GB/T 25171—2023	畜禽养殖环境与废弃物管理术语	术语	2023	国家市场监督管理总局	畜禽养殖环境和废弃物管理及其相关领域	畜禽养殖环境和废弃物管理相关术语

行业标准

| HJ 568—2010 | 畜禽养殖产地环境评价规范 | 监督 | 2010 | 环境保护部 | 畜禽养殖场、养殖小区、放牧区的养殖地环境质量评价与管理 | 各类畜禽养殖产地的水环境质量、土壤环境质量、空气质量和声环境质量评价指标、限值、监测和评价方法 |

（续表）

标准号	标准名称	所属类别	发布年份	提出单位	适用范围	主要内容
HJ/T 81—2001	畜禽养殖业污染防治技术规范	监督	2001	国家环境保护总局	畜禽养殖场的污染防治	畜禽养殖场的选址、场区布局与清粪工艺、畜禽粪便贮存、污水处理、固体粪肥的处理利用、饲料和饲养管理、病死畜禽尸体处理与处置、污染物监测等污染防治的基本技术要求
NY/T 388—1999	畜禽场环境质量标准	监督	1999	农业部	畜禽场的环境质量控制、监测、监督、管理、建设项目的评价及畜禽环境质量的评估	畜禽场必要的空气、生态环境质量标准以及畜禽饮用水的水质标准
NY/T 1167—2006	畜禽场环境质量及卫生控制规范	监督	2006	农业部	规模化畜禽场的环境质量管理及环境卫生控制	畜禽场生态环境质量及卫生指标、空气环境质量及卫生指标、饮用水质量及卫生指标、土壤卫生指标和相应的畜禽场卫生质量管理及环境卫生控制

第一章 综合通用类标准

(续表)

标准号	标准名称	所属类别	发布年份	提出单位	适用范围	主要内容
NY/T 1169—2006	畜禽场环境污染控制技术	监督	2006	农业部	正在运行生产的畜禽场和新建、改建、扩建畜禽场的环境污染控制	畜禽场选址、场区布局，污染治理设施以及控制畜禽粪便污染、恶臭污染、水污染、病源微生物污染、药物污染、畜禽尸体污染等的基本技术要求和畜禽场环境污染监测控制技术
地方标准						
DB12/T 356—2018	污水综合排放标准	监督	2018	天津市环境保护局、天津市市场和质量监督管理委员会	本市现有排污单位水污染物的排放管理以及建设项目的环境影响评价、建设项目环境保护设施设计、竣工验收及其投产后的排放管理	水污染物排放的术语和定义，标准分级，污染物排放控制要求，污染物监测要求即实施投产后监督等

（续表）

标准号	标准名称	所属类别	发布年份	提出单位	适用范围	主要内容
DB14/ 1928—2019	污水综合排放标准	监督	2019	山西省生态环境厅、山西省市场监督管理局	山西省辖区内农村生活排水小于500立方米/天以外的一切排水单位污染物排入受纳水体他排放管理，以及建设项目的环境影响评价、排污许可证发放、水环境保护设计、污染防治设施设计、竣工验收及投产后的排放管理	污水综合排放标准的术语和定义、水污染物排放控制要求、水污染物采样与监测要求实施与监督
DB21/T 1627—2008	污水综合排放标准	监督	2008	辽宁省质量技术监督局、原辽宁省环境保护局	辽宁省辖区内所有排放污水的单位和个体经营者污水排放的管理，以及建设项目的环境影响评价、建设项目环境保护设施设计、竣工验收及投产运行后的污水排放的管理	25种污染物的排放限值和部分行业最高允许排水量

（续表）

标准号	标准名称	所属类别	发布年份	提出单位	适用范围	主要内容
DB31/T 1098—2018	畜禽养殖业污染物排放标准	监督	2018	上海市环境保护局、上海市质量技术监督局	畜禽养殖场的污染物排放限值、监测和管理要求，以及标准的实施等	畜禽养殖业污染物、水污染物、恶臭污染物固体废物排放限值、监测和管理要求，以及标准的监督实施等
DB31/T 199—2018	污水综合排放标准	监督	2018	上海市环境保护局、上海市质量技术监督局	上海市行政区域内排污单位水污染物的排放管理，建设项目的环境保护设施设计、竣工环境保护验收、建成投产后排污单位的水污染物排放管理和排污单位的水污染物排放许可管理	污染物排放控制要求、污染物监测要求、实施与监督
DB33/T 593—2005	畜禽养殖业污染物排放标准	监督	2005	浙江省环境保护局、浙江省质量技术监督局	畜禽养殖场和养殖区污染物的排放管理以及建设项目环境影响评价、环境保护设施设计、竣工验收及其投产后的排放管理	畜禽养殖场、畜禽养殖区最高允许排水量、水污染物、气体臭气浓度、日均排放浓度，以及畜禽养殖业废弃无害化环境

(续表)

标准号	标准名称	所属类别	发布年份	提出单位	适用范围	主要内容
DB35/T 2114—2023	畜禽粪污处理和粪肥利用合账要求	监督	2023	福建省市场监督管理局	畜禽养殖场和第三方处理机构建立畜禽粪污处理和粪肥利用合账	畜禽粪污处理和粪肥利用合账记录要求和保存要求
DB36/T 1695—2022	蛋鸡舍环境控制技术规程	监督	2022	江西省市场监督管理局	全封闭规模化商品蛋鸡笼养模式	场地环境、设施设备、环境指标、卫生消毒、防疫防控、环境监测、日常管理与记录
DB44/T 613—2009	畜禽养殖业污染物排放标准	监督	2009	广东省环境保护局、广东省质量技术监督局	畜禽养殖场和养殖区污染物的排放管理以及建设项目环境影响评价、环境保护设施设计、竣工验收及其投产后的排放管理	集约化畜禽养殖场、集约化畜禽养殖区最高允许排水量、水污染物、恶臭气体允许日均排放浓度、以及畜禽养殖业废渣无害化环境标准
DB50/T 1269—2022	畜禽粪污资源化利用术语	术语	2022	重庆市市场监督管理局	畜禽粪污收集、处理及资源化利用	畜禽粪污资源化利用的基础术语、处理方式术语、利用方式术语及术语定义

（续表）

标准号	标准名称	所属类别	发布年份	提出单位	适用范围	主要内容
DB51/T 1492—2022	农区畜禽养殖负荷风险评估技术规程	监督	2022	四川省市场监督管理局	农区畜禽养殖负荷的风险评估	畜禽粪尿产生量、养分产生量、养殖负荷的计算及其风险预警
—	海南省畜禽养殖污染减排技术导则	通则	2014	海南省国土环境资源厅	畜禽养殖污染减排工程设计、建设和管理	畜禽养殖污染防治总体要求，污染减排措施及相关要求，畜禽养殖污染防治管理、污染减排单元技术
DB64/T 702—2011	农村畜禽养殖污染防治技术规范	通则	2011	宁夏回族自治区环境保护厅	农村畜禽养殖场（小区、户）污染治理工艺选择和处理设施建设	农村畜禽养殖污染防治的总体要求，废弃物处理的场址及布局要求，粪污处理模式与工艺选择以及排放要求

标、限值、监测和评价方法；《畜禽场环境质量及卫生控制规范》（NY/T 1167—2006）规定了规模化畜禽场生态环境质量及卫生指标、空气环境质量及卫生指标、土壤环境质量及卫生指标、饮用水质量及卫生指标和相应的畜禽场质量管理及环境卫生控制。

地方标准13项，包括通则标准2项、术语标准1项、监督标准10项。重庆制定了《畜禽粪污资源化利用术语》（DB50/T 1269—2022）；海南和宁夏制定了通则标准，主要为畜禽场粪污污染防治、粪污资源化利用通则，对畜禽场粪污资源化具体做法及其全链条综合利用效果进行规定；天津、山西、辽宁、上海、浙江和广东等省（市）均根据区域环境要求制定了污水处理后排放标准，作为监督液体粪污治理的重要依据；四川省制定评价标准，以规范农区畜禽养殖负荷的风险评估；福建省制定管理标准，对畜禽粪污处理和粪肥利用台账要求进行了规定。

（二）综合通用类标准应用

近年来，畜禽粪污资源化利用理念深入人心，依法依规依标进行畜禽养殖污染治理的要求越来越高，通用类标准基础性强，应用范围广，在统一思想认识、指引利用方向、明确排放要求、规范监督执法等方面发挥了重要作用。

在生产实践中，由于畜禽养殖场规模大小不同、所在地气候特点以及经济状况等有差异，所采用的粪污资源化利用工艺、技术模式也有所差别，不论采取哪种粪污资源化利用模式，终端产物都必须符合要求，综合通用类标准体系中《农田灌溉水质标准》（GB 5084—2021）、《畜禽养殖业污染物排放标准》（GB 18596—2001）、《污水综合排放标准》（GB 8978—1996）、《再生水水质标准》（SL 368—2006）等监督类标准，明确了相关技术指标和限量指标要求，有效防止了粪污处理的终端产物进入环境后存在的潜在负面影响。

目前，我国畜禽液体粪污处理产物主要有液体粪肥、灌溉用水和达标排放水等。对于周边农田面积充足的畜禽养殖场，对液体粪污进行适当无害化处理后，按照土地承载力要求进行农田利用，应符合畜禽粪污无害化处理和液体粪肥还田利用的相关标准；对于周边配套农田面积不充足的畜禽养殖场，对液体粪污进行深度处理后用作灌溉用水，应符合《农田灌溉水质标准》（GB 5084—2021）要求；对于周边配套农田面积缺乏的畜禽养殖场，对液体粪污进行深度处理后达标排放，应符合污染物总量排放要求，相关指标达到《畜禽养殖业污染物排放标准》（GB 18596—2001）或各地实际执行的排放标准要求。例如，北京市要求经过处理后向环境排放的出水应达到《地表水环境质量标准》（GB 3838—2002）的限值要求。

目前，我国畜禽固体粪污资源化利用终端产物主要有固体农家肥、商品有机肥和垫料等。无害化处理后的固体粪污应当达到无害化处理标准后才能农田利用，有机肥料标准主要适用于以畜禽粪便、秸秆等有机废弃物为原料，经过发酵腐熟后制成的商品有机肥料；堆肥和牛床垫料有关标准缺乏，但在实践应用中积累了大量科学数据，为后续标准的制定奠定了基础。

江西袁州牧原第一分场液体粪污还田利用案例

江西袁州牧原第一分场为种猪场，每年可供给仔猪10万头。该场粪污经过固液分离，液体粪污首先通过厌氧发酵、两级曝气处理去除有机污染物，之后采用化学强化沉淀进一步去除污染物（图2），出水达到《农田灌溉水质标准》用于周边农田灌溉。

处理出水中主要污染物浓度如表3所示。该场年产液体粪污约5.1万立方米，主要用于水稻种植、一年两季。场区配套土地120亩①，液体粪肥输送管网2 014.5米。

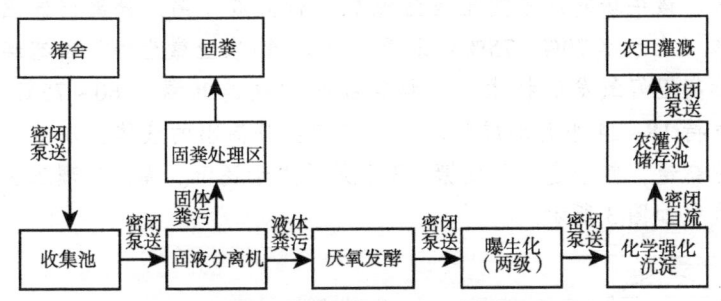

图2　江西袁州牧原第一分场污水处理工艺

表3　江西袁州牧原第一分场处理出水水质

项目类别	限值（水稻）	实际出水值
pH值	5.5~8.5	6.8
悬浮物/（毫克/升）	≤80	25
五日生化需氧量（BOD5）/（毫克/升）	≤60	2.49
化学需氧量（CODCr）/（毫克/升）	≤150	106
阴离子表面活性剂/（毫克/升）	≤5	0.40
氯化物（以Cl^-计）/（毫克/升）	≤350	315
硫化物（以S^{2-}计）/（毫克/升）	≤1	0.014
全盐量/（毫克/升）	≤1 000	671
粪大肠杆菌群数/（MPN/升）	≤40 000	1 700

---

①　1亩约为667平方米，全书同。

黑龙江双城雀巢有限公司牛粪再生垫料场内回用案例

双城雀巢有限公司奶牛养殖培训中心现存栏奶牛近4000头。该牛场粪污收集至集污池后进行固液分离，分离出的固体（含水率70%~75%）采用"卧旋罐+农业微生物"动态连续高温好氧发酵技术，使物料在罐内快速升温至60~75℃、维持18~24小时形成牛粪再生垫料；分离出的液体上清液回冲粪道，其余进入氧化塘，3个月后用于还田。粪污处理工艺流程如图3所示。

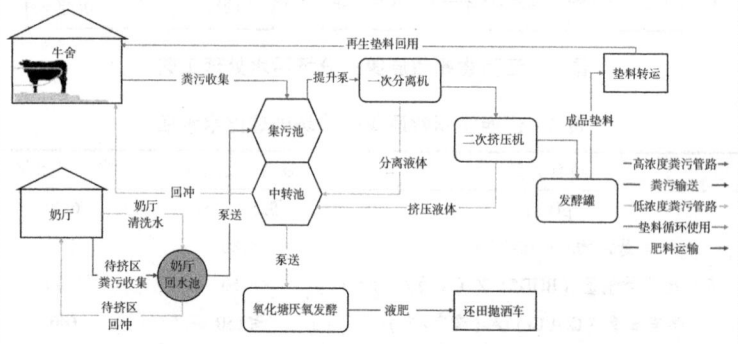

图3　双城雀巢有限公司奶牛养殖培训中心粪污处理工艺

牛粪再生垫料主要指标见表4。该场年产再生垫料4万立方米，与使用稻壳商品垫料相比，能减少堆放场地的场地占用及外运成本、降低环保风险，每年直接节省费用约100万元。使用牛粪再生垫料因其柔软舒适，有利于增加奶牛躺卧时间，提高了奶牛福利。

表 4　牛粪再生卧床垫料的主要性能指标

项目类别	限值	实际值
水分	≤50%	<45%
粪大肠菌群数	≤10^5 个/千克	<10 个/千克
霉菌	≤200CFU/克	<3.0CFU/克
金黄色葡萄球菌	不得检出	未检出
沙门氏菌	不得检出	未检出

（三）畜禽粪污资源化利用综合通用类标准存在的问题

通用标准是指导畜禽粪污资源化利用的基本标准，对推进畜禽粪污资源化利用具有重要的导向作用，有利于在全国范围内形成规范统一的话语体系。与生产实践所需相比，现行的畜禽粪污综合通用类标准尚存在一些不足。

1. 综合通用类标准数量过少

综合通用类标准中的《畜禽养殖业污染物排放标准》（GB 18596—2001）涉及排放水质，而还田相关标准涉及的液体粪肥等，都属于液态物质，但指标要求完全不同。在实际监管和养殖生产中，存在混淆现象。作为排放水质，要受污染物排放总量的限制，主要由生态环境部门进行监管，监管要求和措施比较严格。作为粪肥利用的，归为肥料管理和使用，主要管控的是畜禽粪肥施用过程中可能带来的污染。建议相应增加监督类标准数量，使综合通用类标准体系更加完善，指导地方有关部门提高认识，明确标准适用界限。

2. 综合通用类标准框架结构不完善

《国务院办公厅关于加快推进畜禽养殖废弃物资源化利用的

意见》要求，坚持源头减量、过程控制、末端利用的治理路径。从产业需求和现行标准情况看，现行综合通用类标准主要关注粪污贮存、无害化处理和粪肥利用，未涉及畜禽养殖的粪污收集、雨污分离、环境控制等源头减量相关标准，无法满足粪污资源化利用工作的实际需要。

3. 个别综合通用类标准指标偏低

《畜禽养殖业污染物排放标准》（GB 18596—2001）制定于2001年，我国畜牧业尚处于初级发展阶段，规模畜禽场的规模不大（相较于目前规模），且以大城市郊区为主，加之规模畜禽场周边对粪污需求量较大，畜禽粪污的环境污染问题并不突出，该标准规定化学需氧量浓度限值为400毫克/升。目前，各地对水环境治理的要求越来越高，如果继续实施该标准，存在一定潜在环境污染风险。鉴于此部分省（市）制定了对排放水质要求更加严格的地方标准，一些省（市）则参照执行《污水综合排放标准》（GB 8978—1996）、北京参照执行更加严格的《地表水环境质量标准》（GB 3838—2002）。

二、综合通用类重点标准

（一）《畜禽养殖环境与废弃物管理术语标准》（GB/T 25171—2023）

《畜禽养殖环境与废弃物管理术语》（GB/T 25171—2023）中的有关术语与《畜禽粪污土地承载力测算指南》《畜禽规模养殖场粪污资源化利用设施建设规范（试行）》等文件术语保持一致，有利于规范行业术语、提高粪污资源化利用效率、推动推进粪污资源化利用。

"畜禽养殖废弃物"与"畜禽粪污"有区别。畜禽养殖废弃物是畜禽养殖过程中产生的粪便、尿液、污水、畜禽尸体、废弃垫料等的总称。畜禽粪污是畜禽养殖过程中产生的粪便、尿液、污水、养殖垫料和少量散落饲料等的总称。"畜禽养殖废弃物"范围比"畜禽粪污"宽,"畜禽粪污"为"畜禽养殖废弃物"的一部分,不包括畜禽尸体。

"畜禽粪污"替代旧版(GB/T 25171—2010)中的"畜禽粪便"。该旧版术语在行业口语中通常简称"粪便",容易与《粪便无害化卫生要求》(GB 7959—2012)中粪便(人体排泄的粪和尿,统称为粪便)相混淆;根据百度百科,粪便定义是人或动物的大肠排遗物,粪便3/4是液体,其余1/4是固体;含水率75%的物质,从外观上看还是固体;而"畜禽粪污"根据固体物含量不同,其外观可能是固体也可能是液体,为了更准确表达其形态,在新版标准(GB/T 25171—2023)修订中采用"粪污",实际是粪便(固体)和污水(液体)的缩写或简称,该术语中"污"不含"污染"之意。

废弃物资源化。废弃物资源化定义为畜禽养殖废弃物在无害化处理的基础上进行利用,并发挥其价值的过程。而资源化是指将废物直接作为原料进行利用或者对废物进行再生利用,资源化是循环经济的重要内容。尽管粪污中富含有机物、氮、磷等成分,但其中也含有病原微生物等有害成分,不可直接作为原料进行利用,必须经过无害化处理后方可进行资源化利用,无害化是粪污资源化利用的必要前提条件。

畜禽粪污全量利用。其定义为畜禽粪污不进行固液分离,全部混合后经发酵腐熟作为肥料还田利用的方式。欧美等发达国家对畜禽粪污不进行固液分离,而我国一些规模养殖场(尤其是大型规模养殖场),由于粪污就近消纳配套农田压力大,对畜禽粪污进行固液分离,只有液体粪污进行农田利用,如果按照农作物养分需求计算,液体粪污中氮、磷等养分含量较全量粪污大大减少，液体粪污消纳所需配套农田将大大减少，但单位面积农田所施液体粪污量会大大增加，大量液体粪污施入农田后有可能通过地表径流等途径进入地表或地下水。因此推行种养循环，必须关注畜禽粪污全量利用。

（二）农田灌溉水与液体畜禽粪肥的区别

《农田灌溉水质标准》（GB 5084—2021）适用于以地表水、地下水作为农田灌溉水源的水质监督管理。城镇污水（工业废水和医疗污水除外）以及未综合利用的畜禽养殖废水、农产品加工废水和农村生活污水进入农田灌溉渠道，其下游最近的灌溉取水点的水质按本标准进行监督管理。

推动畜禽粪污就地就近全量肥料化利用，要把畜禽粪肥作为重要肥料来源，着力扩大堆（沤）肥、液态粪肥利用，多种形式利用粪污养分资源，服务种植业提质增效。在产业应用中，不少畜禽场液体粪污经过氧化塘贮存后（贮存时间相对较长），作为液体肥料进行农田利用，属于肥料化利用渠道之一。但是实际生产中，出现了将液体粪肥的农田利用称为"灌溉"或"浇地"的说法，这是不准确、不科学的。如果用于农田灌溉，其水质需满足《农田灌溉水质标准》（GB 5084—2021）的要求，仅通过氧化塘贮存处理，液体粪肥不可能达到（GB 5084—2021）要求；作为液体肥料利用，其质量要求可以参照《农用沼液》（GB/T 40750—2021）执行。

（三）污水排放相关标准

《畜禽养殖业污染物排放标准》（GB 18596—2001）制定于2001年，该标准是规定化学需氧量COD浓度限值为400毫克/升。而《污水排入城镇下水道水质标准》（GB/T 31962—2015）规定，根据城镇下水道末端污水处理厂的处理程度，控制项目限值如下：采用再生处理（使水质达到利用要求），排入城镇小水道的污水水质符合 A 级规定（COD 500 毫克/升，氨氮 45 毫克/升）；采用一级处理（在格栅等预处理基础上，通过沉淀等去除污水中悬浮物），应符合 C 级规定（COD 300 毫克/升，氨氮 25 毫克/升）。

一些省（市）对排放水质提出更高要求，并制定了地方标准。比如，北京参照执行更加严格的《地表水环境质量标准》（GB 3838—2002）；上海《污水综合排放标准》（DB31/199—2018）要求，向非敏感水域直接排放（未经终端公共污水处理系统）水污染物的排污单位执行二级标准（COD 60 毫克/升），间接排放（进入公共污水处理系统）水污染物的排污单位执行三级标准（COD 300 毫克/升）；天津《污水综合排放标准》（DB12/356—2018）要求，排入 V 类或排污控制区水体的污水执行二级标准（COD 40 毫克/升），排入公共污水处理系统的污水执行三级标准（COD 500 毫克/升）。

（四）粪污资源化间接关联标准

《畜禽场环境质量评价准则》（GB/T 19525.2—2004）类似于规模养殖场环境影响评价导则，为养殖场环境影响评价提供技术指导，但该标准的评价参数对于废气（恶臭）、废水（污水）、废渣（粪便）所覆盖内容不准确，尤其是污水（畜禽尿水、冲刷畜禽舍污水以及畜产品加工车间排出的血水等）和粪便（畜禽粪便、剖检或死亡畜禽的尸体、畜产品加工废弃物、屠宰畜禽留下的毛屑、蹄角、腐化的死胚及蛋壳等）是环境影响评价的重要基础。近年来，随着产业发展和社会分工日益细化，屠宰和畜产品加工与畜禽养殖场大都相互独立，绝大多数病死畜禽由专门机构集中处理，该标准中粪污处理与实际生产差异较大，根据（GB/T 25171—2023）的定义，污水一般为混入粪尿的冲洗用水和滴漏饮用水等；固体粪污为干物质（DM）含量≥15%的畜禽粪污，畜禽粪污为畜禽养殖过程中产生的粪便、尿液、污水、养殖垫料和少量散落饲料等的总称。在标准执行过程中，应注意对污水和固体粪污的范围进行适当界定。

《畜禽场环境质量及卫生控制规范》（NY/T 1167—2006）的重点是防止大气、土壤和饮水用对畜禽生产和健康产生影响，该标准提出场区生态环境、舍内环境质量及卫生，通过合理选址、清粪方式、通风换气、降温和供暖、消毒和绿化等措施实现，也是当前产业中的通用方法；由于规模化畜禽场均采用舍饲，土壤环境及其卫生对畜禽生产的影响甚微，因此"7 畜禽场土壤环境质量及卫生控制"基本不适用；"8 畜禽饮用水质量及卫生控制"主要是为防止水质影响畜禽生产。事实上，清粪方式和蒸发降温均影响粪污产生量及其形态，但该标准仅限于概述，未对其进行细化。

《畜禽养殖产地环境评价规范》（HJ 568—2010）与《畜禽场环境质量及卫生控制规范》（NY/T 1167—2006）内容较为接近，该标准细化了畜禽养殖场大气、土壤和水质对畜禽生产和健康影响的具体评价指标及其限值；由于放牧区土壤环境质量直接影响牧草质量、进而影响畜禽生产，该标准中"4.2 土壤环境质量评价指标限值"是适用的。

三、综合通用类标准建设设想

综合通用类标准在畜禽粪污资源化利用标准体系中具有重要作用，需要完善标准体系框架，加强标准制定前期研究，紧密结合产业实际需求，及时开展标准制修订，进一步提升综合通用类标准的科学性、完整性和实用性。

第一，完善综合通用类标准体系框架。对于现有综合通用类标准通则、术语和监督3个二级类别,将"通则"类进一步细分成2个三级类别,将"术语"类进一步细分成2个三级类别,将"监督"类进一步细分成3个三级类别,综合通则类标准包括3个二级类别、7个三级类别,使标准体系框架结构更加完善,以提升畜禽粪污资源化利用标准体系的科学性。具体框架如图4所示。制修订标准16项(详细内容见表5),提升畜禽粪污资源化利用标准体系的全面性、完整性和科学性。

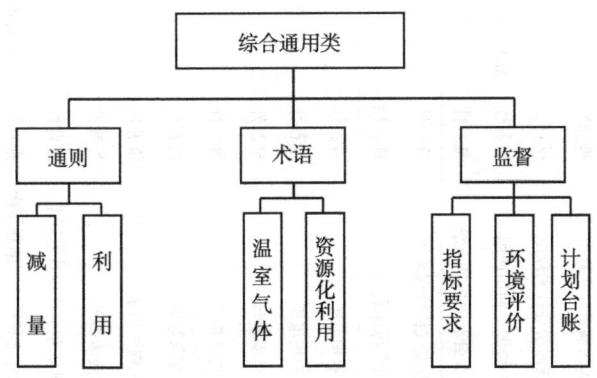

图4 粪污资源化利用综合通用类标准体系框架

第二,强化标准制修订的前期研究。"畜禽粪便产生量和特性"等技术标准需要大量第一手数据支撑,需要根据不同情况分类确定产生量和特性标准,其原因是畜禽粪便产生量及其特性受动物品种、日龄、营养、疫病、气候、环境等诸多因素影响,如果样本量太少,获取的有限数据与畜禽场的实际情况可能并不一致,建议加强前期研究,获取足够样本数据。

表 5 建议制订修订的综合通用类标准

第二层级	第三层级	标准号	标准名称	标准性质	主要用途
通则	减量	—	畜禽场粪污减量技术规范	推荐性	从生产过程利用管理减少粪污产生量
通则	减量	—	畜禽场粪尿清理技术规范	推荐性	清粪方式的选择及其技术和装备要求
通则	利用	—	畜禽粪污资源化利用通则	推荐性	畜禽养殖场粪污资源化利用的主要途径，指导产业优化选择
通则	利用	—	畜禽粪污综合利用核算方法	推荐性	规范和统一畜禽养殖场粪污综合利用计算方法
术语	温室气体	—	畜牧业温室气体管理术语	推荐性	
术语	资源化利用	—	畜禽粪污资源化利用术语	推荐性	
监督	指标要求	—	农用沼肥	推荐性	沼肥的质量或限量要求
监督	指标要求	—	农用堆肥	推荐性	初级堆肥或土壤调理剂的质量或限值要求
监督	指标要求	—	牛粪垫料	推荐性	牛粪垫料的质量要求
监督	指标要求	—	栽培基质	推荐性	设施食用菌等栽培基质的质量要求
监督	指标要求	—	育苗基质	推荐性	集中或分散育苗的基质质量要求
监督	指标要求	—	场内回用水	推荐性	场内不同回用途径的水质要求
监督	指标要求	—	液体粪肥	推荐性	除沼液外，其他液体农用负荷估算及其风险预警
监督	环境评价	—	畜禽粪污土地承载力评价技术规范	推荐性	畜禽粪污农用利用风险评价
监督	计划台账	—	畜禽粪污资源化利用计划编制指南	推荐性	畜禽粪污资源化利用计划编制方法、内容和要求
监督	计划台账	—	畜禽粪污处理利用过程台账及数据规范	推荐性	畜禽粪污处理利用过程台账和数据记录要求

第三，更好反映行业发展需求。综合利用率是畜禽粪污综合利用的量化结果，不仅是技术问题，还体现了政策导向。目前，需要深入了解当前畜禽粪污资源化利用实际情况，结合我国种养结合实际和工作推进难点，对综合利用范围和综合利用量进行准确界定，引导各地把握好粪污资源化利用的主要方向。

第四，及时开展标准制修订。我国畜禽养殖场粪污资源化利用途径多样，依法监管需要相应的强制性标准来支撑。建议在完善标准体系的过程中予以统筹考虑。当前，对畜禽粪污资源化利用的认识不断深化，经济实用的设施装备研发加快，收集、处理、利用技术更新迭代加快。建议根据形势发展变化，对于综合通用类二级类别标准进行需求优先级排序，相应增加重点标准修订频次，加快修订亟须的综合通用类标准，使标准制修订更好适应实践发展的需要，在产业实践中发挥更大的作用。

第二章 无害化处理类标准

畜禽粪污无害化处理是畜禽粪污资源化利用的核心环节。畜禽粪污无害化处理标准的制定和实施，是推进畜禽粪污无害化处理标准化、规范化的重要手段，可有效提高畜禽粪污处理效率，并减少畜禽粪污处理过程带来的二次污染风险。本章对畜禽粪污无害化处理现状和无害化处理类标准现状进行了综合分析，提出了存在的问题和标准的总体需求，以指导提升畜禽粪污无害化处理水平，助力畜禽养殖绿色可持续发展。

一、畜禽粪污无害化处理现状

（一）畜禽粪污无害化要求

畜禽粪污无害化处理不彻底，不仅会带来水体、土壤等污染，也可能携带多种病原体，包括细菌、病毒、寄生虫等，对人和动物的健康构成严重威胁。畜禽粪污无害化是利用高温、好氧、厌氧或消毒等技术使畜禽粪污达到卫生学指标要求的过程。根据《畜禽养殖环境与废弃物管理术语》（GB/T 25171—2023），无害化是指对畜禽粪污进行处理达到不危害动物、植物、人类和环境的过程，即减少、去除或杀灭粪便中的肠道致病菌、寄生虫卵等病原体，控制蚊蝇孳生、防止恶臭扩散，并使其处理产物达到还田利用的处理过程。在我国现有畜禽粪污处理相关标准中，卫生学指标是衡量粪污无害化处理是否达到要求的核心指标。现有标准中对固体粪污无害化要求主要是从处理技术和卫生学指标两方面规定的，固体粪污一般要求采用堆肥处理技术，卫生学指标主要有3项，包括蛔虫卵死亡率（≥95%），粪大肠菌群数（≤10^5个/千克），堆体周围没有活蛆、蛹或新羽化的成蝇；固体粪污达到卫生学指标后还田利用，可减少粪污中沙门氏菌、大肠杆菌、弓形虫等病原体进入食物链的风险，防止土壤污染和食品安全事件的发生。液体粪污无害化卫生学指标主要有3项，包括蛔虫卵死亡率（≥95%），血吸虫卵和钩虫卵（不得检出），粪大肠菌群数（≤10^4个/升）。液体粪污达到以上卫生学指标后可提高粪肥还田利用的安全性，减少人兽共患疾病的传播途径。

（二）畜禽粪污无害化处理技术

1. 粪污收集技术

畜禽养殖场粪污收集（清粪）技术主要有干清粪、水冲粪、水泡粪、垫料养殖等。干清粪是不采用水冲洗，采用人工或机械收集粪便和尿液混合物的方式，用水量和粪污产生量较少，是目前我国主要的粪污收集方式。据调研，2023年，全国采用干清粪方式的规模养殖场占比为83.1%，其中生猪、奶牛、肉牛、肉鸡、蛋鸡、绵羊、山羊占比分别为58.6%、1.9%、7.7%、10.7%、15.2%、3.1%和2.8%。水冲粪是传统的粪污收集方式，利用水流的冲力清除养殖舍内粪尿并进行收集，该方式污水产生量大，不推荐使用。2023年，采用水冲粪方式的规模养殖场占比为4.0%。水泡粪是通过将畜禽粪便和尿液直接落入养殖舍漏缝地板下贮粪池，定期抽吸至舍外的清粪方式，该方式粪污收集方便，污水产生量低于水冲粪。2023年，采用水泡粪方式的规模养殖场占比为8.3%，以生猪养殖场为主。垫料养殖是将干草、稻壳、秸秆等铺放在动物生活区地面，用于吸收粪尿、漏水及饲料残渣等的方式。2023年，采用垫料养殖方式的规模养殖场占比为4.6%。

2. 固体粪污无害化处理技术

固体粪污无害化处理技术主要包括堆肥法、沤肥法、厌氧干发酵法等。堆肥和沤肥是我国主要采用的固体粪污无害化处理技术，在我国畜禽固体粪污无害化处理中的占比达到60.3%。传统养殖场普遍采用沤肥法进行固体粪污处理，利用微生物在厌氧条件下分解固体粪污，直接还田利用或者进一步加工后还田利用，具有工艺简单、能耗低的特点，但存在堆体臭气排放大、发酵速度慢等问题。堆肥法是在人为控制的条件下，利用好氧微生物分解固体粪污中有机物，通过生物反应形成高温，促进有机物的快速分解腐熟、杀死病原菌和虫卵，好氧堆肥具有发酵效率高、无害化彻底、发酵产物质量好等优势。厌氧干发酵法是近年来新兴的一种处理技术，在一定的水分、温度等严格厌氧条件下，通过各类微生物的分解代谢作用，将固体粪污有机质转化成稳定的腐熟肥料，并形成沼气实现气肥联产，适用于含水率较高不适宜于采用堆（沤）肥法处理的畜禽粪污。

3. 液体粪污无害化处理技术

常用的液体粪污无害化处理技术有贮存处理法、厌氧发酵法、异位发酵床法等。我国液体粪污的处理方式主要以贮存处理法和厌氧发酵法为主，占比分别为26.1%和69.4%，部分南方区域的生猪养殖场（户）探索推行异位发酵床处理液体粪污。贮存发酵法是通过敞口、密闭或半密闭等方式对粪水进行储存并通过微生物反应实现无害化的方法，优点是工艺简单、能耗低，但无害化效果通常低于厌氧发酵法。厌氧发酵法是在严格厌氧条件下，将液体粪污及秸秆、杂草等有机物料在一定的水分、温度下，通过各类微生物的分解代谢，形成可燃气体的技术方法，但工艺复杂、发酵稳定性差、能耗较高。异位发酵床法是畜禽不直接接触发酵床，粪污直接落入或经收集后喷洒至由锯末和稻壳等垫料形成的发酵床，通过微生物复合菌群发酵实现液体粪污无害化的方法，其优点是基本不产生污水，适合于消纳土地不足、气温较高的地区。另外，还有一些养殖场采用深度处理达标排放的方式对液体粪污进行处理。

（三）畜禽粪污处理设施装备

1. 畜禽粪污收集设备

近年来，规模养殖场普遍推广机械清粪，一些规模养殖场配备了固液分离设备，大幅提高了粪污收集效率。机械清粪设备种类较多，按结构原理可分为牵引刮板式、环行链式、输送带式和螺旋式；牵引刮板式清粪机适用范围最广，对粪污水分变化的适应能力较强、效率较高；环行链式清粪机主要应用于栓养工艺的牛舍；输送带式清粪机主要用于叠层式笼养鸡舍，部分地区羊舍也有应用；螺旋式清粪机主要适用于笼养鸡舍及其他养殖舍的横向清粪作业。固液分离设备主要有离心分离、压滤分离和筛网分离3种类型。螺旋挤压分离机是压滤分离的一种，具有操作简单、能耗低和维修管理费用低等优点，应用较广；离心分离机优点是分离速度快、分离效率高，但存在投资大、结构复杂、能耗高等问题；筛网分离机械有斜板筛、振动筛和旋转筛等。

2. 固体粪污处理设施装备

固体粪污处理主要包括堆（沤）肥和厌氧干发酵等。堆肥设施设备按工艺可分为条垛式、槽式、反应器堆肥等，采用这3种堆肥工艺的养殖场占比分别为63.0%、25.1%和11.9%。条垛式堆肥核心设备包括自走式翻堆机和曝气系统，一般需建有干粪棚用于防雨。槽式堆肥对场地有一定要求，包括原料储存系统、进料系统、发酵系统、成品加工、除臭系统等。核心设施和设备主要是发酵槽和翻抛机。反应器式和覆膜式堆肥是近年来新兴的堆肥处理设备，主要用于中小规模养殖场粪污的快速无害化，目前市场上常见的堆肥反应器有滚筒式、筒仓式、箱式等；覆膜式堆肥设备由于具有建设投入少、臭气控制效率好等优势，发展迅速，主要由膜覆盖系统、微压送风系统和控制系统组成。固体粪便干式厌氧发酵常见的有推流式、车库式、覆膜槽式等类型，具有原料处理量大、发酵罐体积小、能源消耗低等优点，弥补了湿式发酵用水量大、沼液处理困难等缺点，但传质传热效率和产气稳定性低于湿式发酵工艺。

3. 液体粪污处理设施装备

液体粪污处理工程设施设备与处理工艺相关。粪水贮存发酵设施可分为敞口贮存发酵设施和密闭贮存发酵设施，敞口贮存发酵设施是我国应用最为广泛的粪污处理形式，包括稳定塘、舍外露天贮存池设施，密闭贮存发酵设施是在敞口式贮存的基础上发展而来，采用覆膜覆盖等方式减少臭气排放的粪水处理设施，包括舍下贮存池、密闭囊贮存设施等。除密闭囊以高密度聚乙烯（HDPE）材料制作而成，大部分养殖场粪水贮存发酵设施建设结构以钢筋混凝土为主，或在地下贮存池铺设聚乙烯土工膜贮存粪水，通常粪水贮存发酵设施需满足防雨、防渗、防溢流等基础要求。粪水酸化贮存是通过在贮存池中添加酸，降低粪水贮存发酵期间氨气排放的粪水处理技术，该技术设施包括粪水酸化调节池、酸化粪水贮存池等，设备为粪水酸化技术装备，包括粪水酸化剂储罐、酸化控制系统、酸化搅拌装置等部件，粪水酸化过程已实现自动化控制，操作简便。厌氧湿发酵设施装备包括粪污暂存和预处理设施设备、厌氧发酵反应器、沼液贮存池等。粪污暂存和预处理设施设备主要包括暂存池、集水池、调配池、原料预处理房等，预处理设施设备主要为格栅和沉砂池，用来截留污水中较粗大漂浮物和悬浮物，如纤维、碎皮、毛发、果皮、蔬菜、木片、布条、塑料制品等，防止堵塞和缠绕水泵机组、管道阀门、进出水口。厌氧发酵反应器按照反应器中消化物料的固体含量可分湿式发酵（TS≤12%）和干式发酵（TS≥20%）两大类，其中湿式发酵工艺的优点是技术成熟、产气效率高，应用率约为90%，常用的湿式沼气发酵罐有完全混合式厌氧反应器（CSTR）、上流式固体床反应器（UASB）、升流式固体厌氧反应器（USR）以及黑膜沼气等类型。异位发酵床设施设备一般由粪污暂存池、发酵池、垫料、菌剂、粪污管道、机械翻堆设备、防雨棚等组成，设备主要有粪污搅拌机、自动喷淋机、翻堆机等。发酵床上方高处安装防雨顶棚，两侧一般安装塑料薄膜卷帘，用于防雨和冬季发酵床保温。

4. 安全生产设备

近年来，畜禽粪污处理设施设备广泛应用，畜禽养殖场（户）安全生产意识不足，粪污处理过程中发生的中毒、窒息、火灾、爆炸、淹溺等安全事故呈多发态势。畜禽粪污处理有限空间作业安全生产事故多发生于高温季节、粪肥施用集中或复养畜禽前设施检修期间，极易发生一人中毒、救援人员未采取安全防护措施盲目施救导致的多人伤亡。养殖场可根据需要配备安全防护设施设备。针对沼气池、贮存池等作业需求，有多种类型防毒面罩可供选择，如正压式空气呼吸器防毒面罩。在密闭空间作业前，可通过通风设备，降低密闭空间中有毒有害气体、可燃气体浓度，需要配备应急供氧设备，如便携式氧气瓶，保障紧急情况下的氧气供应。应在处理液态粪污区域设置围栏和警示标志，防止人员意外落入，对于敞开式贮存池，一般需配备救生衣和救生绳。另外，自动喷水灭火系统、消防栓、干粉灭火器、防爆型电气设备等也是常规必备的设备。

二、无害化处理类标准现状

（一）无害化处理类标准框架

《国家标准委　农业农村部　生态环境部关于推进畜禽粪污资源化利用标准体系建设的指导意见》提出，加快制修订畜禽粪污处理设施装备规范系列标准，推进畜禽固体粪污和液体粪污处理的操作技术标准制定，开展畜禽粪污处理过程中安全生产相关标准的制定。其中明确畜禽粪污无害化处理类标准应主要包括指标要求、设施装备、技术工艺和安全生产等。本部分基于给出的无害化处理类标准的一级指标体系，提出了该子体系的二级、三级指标体系的标准框架结构（图5）。其中，指标要求方面，可从粪污处理卫生学指标和有害污染物指标等方面进行规范；设施装备方面，可包括常用处理技术的工程设施相关标准，包括粪污好氧堆肥、厌氧发酵、贮存设施以及其他技术，从设计、建设、验收、管理、评价等方面进行规范；技术工艺方面，重点针对好氧堆肥、厌氧发酵、贮存发酵和其他技术，完善处理技术要求标准；安全生产方面，重点针对粪污无害化处理中涉及的安全、消防、防爆等，完善标准体系，特别是针对有限空间安全生产管理进行规范。

（二）无害化处理类标准基本情况

1. 收集暂存类标准

现行标准中，共收集涉及粪污收集、暂存、运输类标准的有25项（表6），其中从标准类型来看，包括国家标准2项，

第二章　无害化处理类标准

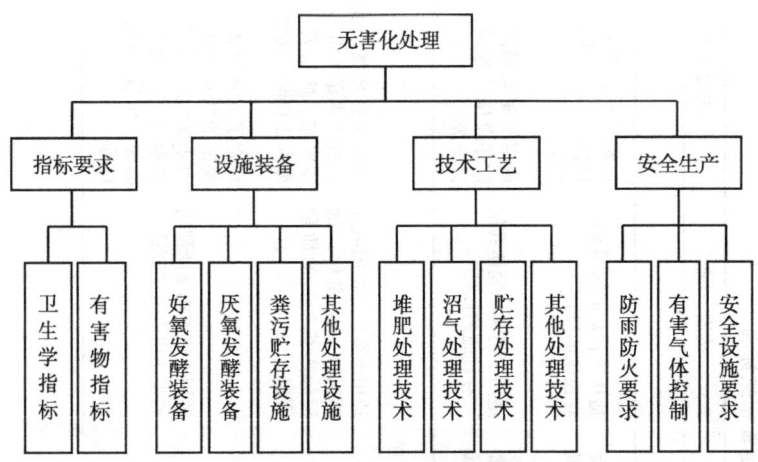

图5　无害化处理标准框架图

行业标准11项，地方标准12项。现行2项国家标准分别规定了畜禽粪便和养殖污水贮存设施设计要求，11项行业标准中有5项标准对清粪设备提出了设备要求，2项标准对固液分离机提出了设备要求，1项标准对吸粪车提出了要求，12项地方标准中有7项对机械清粪设备提出了设备要求及技术规范，5项对固液分离设备提出了设备要求及技术规范，3项对粪便收集运输管理提出了相关规范。从标准功能分类来看，这些标准中涉及质量标准1项，技术规范、技术规程类标准11项，设备类标准13项。总体上看，国家标准或行业标准重点对粪污收集、暂存、运输类的设施设备提出了明确要求，但缺乏关于粪污收集、暂存、运输类设备作业规范或技术规程类的国家标准或行业标准。

表 6 畜禽粪污收集储存运输相关标准

标准号	标准名称	发布年份	提出单位	适用范围	主要内容
国家标准					
GB/T 26624—2011	畜禽养殖污水贮存设施设计要求	2011	国家质量监督检验检疫总局	适用于畜禽养殖污水贮存设施的设计	规定了畜禽养殖污水贮存设施选址、技术参数要求等
GB/T 27622—2011	畜禽粪便贮存设施设计要求	2011	国家质量监督检验检疫总局	适用于畜禽场固体粪便贮存设施的设计	规定了畜禽场固体粪便贮存设施的选址、参数设计等
行业标准					
NY/T 3119—2017	畜禽粪便固液分离机质量评价技术规范	2017	农业部	适用于畜禽粪便固液分离机(以下简称"固液分离机")的质量评定	规定了畜禽粪便固液分离机的术语和定义、基本要求、质量要求、检测方法和检验规则
JB/T 14281—2022	养鸡设备 带式清粪机	2022	工业和信息化部	适用于笼养鸡所使用的带式清粪机的制造	规定了养鸡设备带式清粪机的基本型号与技术要求、表示方法、试验方法、检验规则、标牌、包装、运输和贮存等

(续表)

标准号	标准名称	发布年份	提出单位	适用范围	主要内容
JB/T 12450—2015	畜牧机械 清粪系统	2015	工业和信息化部	适用于牛舍牵引式刮板清粪系统	规定了畜牧机械清粪系统的型号、基本参数、技术要求、试验方法、检验规则、标志、包装、运输与贮存等
JB/T 10131—2010	饲养场设备 厩用粪肥刮板输送机	2010	工业和信息化部	适用于在封闭的畜舍中,用刮板起来移动收集的连续来和液体粪肥的装置	规定了封闭链连续粪肥刮板输送机的技术及安全要求
JB/T 7725—2007	养鸡设备 牵引式刮板清粪机	2007	工业和信息化部	适用于笼养或平养鸡舍用的地面纵向清粪设备	规定了牵引式刮板清粪机的型式与基本参数、技术要求、试验方法、检验规则及标志、包装
JB/T 13756—2019	畜禽粪便固液分离机	2019	工业和信息化部	适用于处理牛、猪、鸡等粪便的固液分离机	规定了畜禽粪便固液分离机的术语和定义、产品型号、技术要求、试验方法、检验规则、标牌、包装、运输与贮存

（续表）

标准号	标准名称	发布年份	提出单位	适用范围	主要内容
QC/T 53—2019	吸粪车	2019	工业和信息化部	适用于定型二类汽车底盘改装的吸粪车	规定了吸粪车的术语和定义、要求、试验方法、检验规则、标志、使用说明书及随车文件、运输和贮存
DG/X 007—2012	畜禽粪便固液分离机	2012	农业部	适用于畜禽粪便固液分离机的推广鉴定	规定了畜禽粪便固液分离机推广鉴定的内容、方法和判定规则
DG/T 082—2021	粪污固液分离机	2021	农业农村部	适用于处理畜禽粪便的粪污固液分离机的推广鉴定	规定了粪污固液分离机推广鉴定的内容、方法和判定规则
DG/T 055—2021	清粪机	2021	农业农村部	适用于刮板式清粪机、输送带式清粪机和自走式清粪机的推广鉴定，不适用汽车、拖拉机等机动车辆改装的自走式清粪机	规定了刮板式清粪机、输送带式清粪机和自走式清粪机推广鉴定的内容、方法和判定规则
地方标准					
DB62/T 4707—2023	电动清粪机 作业质量	2023	甘肃省市场监督管理局	适用于牛、羊、猪等畜养殖场使用的电动清粪机，其他畜养殖场使用的清粪机可参考	规定了手推式清粪机、自走式清粪机等电动清粪机的术语和定义、作业质量要求、技术要求、检测方法和检验规则

（续表）

标准号	标准名称	发布年份	提出单位	适用范围	主要内容
DB62/T 4507—2022	养殖场粪污机械化清理作业规范	2022	甘肃省市场监督管理局	适用于草食畜养殖场对牛、羊等牲畜粪污的机械化清理作业	规定了养殖场牲畜粪污机械化清理的作业条件、作业准备、作业要求、安全要求及机具维护、保养与存放
DB65/T 4230—2019	肉牛养殖小区机械化清粪设备操作规程	2019	新疆维吾尔自治区市场监督管理局	适用于肉牛养殖小区机械化清粪设备，其他具有机械清粪功能的机具可以参照执行	规定了新疆地区肉牛养殖小区机械化清粪设备的术语及定义、机具作业流程、机具作业前要求、作业中的操作规程、机具的运输及转移、贮存、机具的维护保养、安全注意事项
DB21/T 2664—2016	牵引式刮板清粪机（鸡舍）作业技术规程	2016	辽宁省质量技术监督局	适用于笼养或平养鸡舍用纵向牵引式刮板清粪机清粪作业	规定了牵引式刮板清粪机的作业准备、作业规程、作业质量、安全注意事项及维护保养
DB12/T 785—2018	奶牛舍机械刮板清粪	2018	天津市市场和质量监督管理委员会	适用于奶牛舍机械刮板清粪系统工程的设计、施工、运行及管理	规定了奶牛舍机械刮板清粪技术的刮粪通道、刮粪板、集粪沟及管理要求

（续表）

标准号	标准名称	发布年份	提出单位	适用范围	主要内容
DB12/T 897—2019	奶牛舍刮粪板技术要求	2019	天津市市场监督管理委员会	适用于奶牛舍牵引式刮粪清粪板系统的设计、施工、操作及管理	规定了奶牛舍刮粪板系统的系统构成、技术要求及管理要求
DB35/T 997—2010	畜粪便固液分离机	2010	福建省质量技术监督局	适用于畜粪便固液分离机，适用于水冲式清粪工艺的固液分离处理	规定了畜粪便固液分离机的术语定义、产品型号表示方法及最大处理能力系列、基本参数、技术要求、试验方法、检验规则及标牌、包装、运输和贮存、产品使用说明书
DB32/T 2604—2013	养猪场雨污、粪尿分离技术规程	2013	江苏省质量技术监督局	适用于硬质地面、非漏板式家庭养猪圈舍规模化养猪场雨污、粪尿分离的技术操作规程及其生产过程	规定了养猪场猪粪、猪尿、冲洗水分离以及猪排泄物与雨水分离的技术要求、操作工艺、维护管理方法
DB51/T 2339—2017	畜禽粪便固液分离机技术条件	2017	四川省质量技术监督局	本标准适用于螺旋挤压式和筛分式型畜禽粪便固液分离机	规定了畜禽粪便固液分离机的术语和定义、型号编制、技术要求、试验方法、检验规则、标志、标签、使用说明书、包装、运输及贮存

（续表）

标准号	标准名称	发布年份	提出单位	适用范围	主要内容
DB53/T 466.1—2023	高原湖泊流域畜禽粪便综合利用 第1部分：收集站建设及运行管理	2023	云南省市场监督管理局	适用于高原湖泊流域畜禽粪便综合利用的收集站建设及运行管理	规定了高原湖泊流域畜禽粪便收集站的选址、收集站建设及收集站运行管理
DB11/T 355—2006	粪便收集运输管理规范	2006	北京市质量技术监督局	适用于粪便收集运输管理	规定了粪便收集、粪便运输企业运行管理、运输程序和运输车辆管理的要求
DB12/T 896—2019	奶牛舍粪水储运设施技术要求	2019	天津市市场监督管理委员会	适用于年存栏量≥100头的规模化奶牛场干清粪工艺舍区粪水储运设施的设计、施工、操作及管理	规定了规模化奶牛场舍区粪水储运设施的技术要求和安全管理要求

2. 固体粪污无害化处理标准

共收集固体粪污无害化处理技术标准 109 项，如表 7 所示。从标准类型来看，包括国家标准 4 项，行业标准 13 项，地方标准 94 项。现行 4 项国家标准包括 2 项无害化卫生要求和技术规范方面标准，1 项畜禽养殖粪便堆肥处理与利用设备标准，1 项畜禽粪便贮存设施设计要求标准。其中《粪便无害化卫生要求》（GB 7959—2012）涉及好氧发酵、厌氧与兼性厌氧消化、密封贮存、脱水干燥等的卫生要求，指标涉及贮存时间、蛔虫卵、血吸虫卵和钩虫卵、粪大肠菌值、沙门氏菌、pH 值和水分等指标。从标准功能分类来看，包括指标要求类标准 1 项，处理设施设备类标准 26 项，粪便处理技术规范/规程类标准 82 项，其中指标要求类标准《粪便无害化卫生要求》（GB 7959—2012）规定了粪便无害化卫生要求限值和粪便处理卫生质量的监测检验方法，适用于城乡户厕、粪便处理厂（场）和小型粪便无害化处理设施处理效果的监督检测和卫生学评价，畜禽粪污处理参照相关要求执行。粪便处理技术规范/规程类标准全部是以粪污达到无害化处理为前提的粪污处理技术规范/规程，其中《畜禽粪便堆肥技术规范》（NY/T 3442—2019）规定了畜禽粪便堆肥的场地要求、堆肥工艺、设施设备、堆肥质量评价和检测方法，适用于规模化养殖场和集中处理中心的畜禽粪便及养殖垫料堆肥；《畜禽粪便食用菌基质化利用技术规范》（NY/T 3828—2020）规定了畜禽粪便食用菌基质化利用技术的场区要求，工艺流程及技术要求，设施设备，产品质量要求，成品包装、运输和储存，适用于以畜禽粪便为重要原料生产食用菌基质，用于食用菌栽培。总的来看，固体粪污处理标准中有《畜禽粪污贮存设施设计要求》（GB/T 27622—2011）、《畜禽粪污处理场建设标准》（NY/T 3023—2016）、《密集养殖区畜禽粪便收集站建设技术规范》（NY/T 3670—2020）等粪污处理设施建设规范，但相关设施验

第二章 无害化处理类标准

表 7 固体粪污无害化处理相关标准

标准号	标准名称	发布年份	提出单位	适用范围	主要内容
			国家标准		
GB/T 36195—2018	畜禽粪便无害化处理技术规范	2018	国家市场监督管理总局、国家标准化管理委员会	适用于畜禽养殖场所的粪便无害化处理	规定了畜禽粪便无害化处理的基本要求、处理场选址、粪便收集、贮存和运输、粪便处理及粪便处理后利用要求
GB 7959—2012	粪便无害化卫生要求	2012	国家质量监督检验检疫总局、国家标准化管理委员会	适用于城乡户厕(场)和小型粪便处理厂处理设施处理效果无害化监督检测和卫生学评价	规定了粪便无害化生要求限值和粪便无害化生质量的监督检验方法
GB/T 28740—2012	畜禽养殖粪便堆肥处理与利用设备	2012	国家质量监督检验检疫总局、国家标准化管理委员会	适用对畜禽养殖粪便进行好氧发酵的堆肥处理设备和有机肥加工设备	规定了畜禽养殖粪便堆肥处理与利用设备的术语和定义、一般要求、技术要求、试验方法、检验规则及标志、包装、运输和贮存
GB/T 27622—2011	畜禽粪便贮存设施设计要求	2011	国家质量监督检验检疫总局、国家标准化管理委员会	适用于畜禽场固体粪便贮存设施的设计	规定了畜禽场固体粪便贮存设施的选址、参数、设计

· 61 ·

(续表)

标准号	标准名称	发布年份	提出单位	适用范围	主要内容
			行业标准		
NY/T 1168—2006	畜禽粪便无害化处理技术规范	2006	农业部	适用于规模化养殖场、养殖小区和畜禽粪便处理场	规定了畜禽粪便无害化处理设施的选址、场区布局、处理技术、卫生学控制指标及污染物监测和污染防治的技术要求
NY/T 1640—2021	农业机械分类	2021	农业农村部	适用于农业机械化管理服务活动中对农业机械的分类及统计	规定了农业机械的分类及代码
NY/T 1144—2020	畜禽粪便干燥机质量评价技术规范	2020	农业农村部	适用于供干固态畜禽粪便的滚筒式干燥机的质量评定	规定了畜禽粪便干燥机的基本要求、质量要求、检测方法和检验规则
NY/T 1755—2009	畜禽舍通风系统技术规程	2009	农业部	适用于畜禽舍的通风系统设计	规定了畜禽舍通风系统的术语和定义、自然通风系统技术要求和机械通风系统技术要求

第二章 无害化处理类标准

（续表）

标准号	标准名称	发布年份	提出单位	适用范围	主要内容
NY/T 3023—2016	畜禽粪污处理场建设标准	2016	农业部	适用于不少于50头猪单位畜禽养殖场（含养殖小区）新建、改建或改建粪污处理场的建设	规定了以畜禽养殖场（含养殖小区）粪污处理场建设的基本要求，包括建设规模与项目构成、选址与设备、建筑工程与附属设施、节能节水与环境保护、安全与卫生，投资估算与劳动定员
NY/T 3670—2020	密集养殖区畜禽粪便收集站建设技术规范	2020	农业农村部	适用于密集养殖区畜禽粪便收集站的建设与运行管理	规定了密集养殖区畜禽粪便收集站的设计、建设和运行管理相关技术要求
NY/T 3442—2019	畜禽粪便堆肥技术规范	2019	农业农村部	适用于规模化养殖场和集中处理中心的畜禽粪便及养殖垫料堆肥	规定了畜禽粪便堆肥的场地要求、堆肥工艺、设施设备、堆肥质量评价和检测方法

（续表）

标准号	标准名称	发布年份	提出单位	适用范围	主要内容
NY/T 2374—2013	沼气工程沼液沼渣后处理技术规范	2013	农业部	适用于以畜禽粪便、农作物秸秆等农业有机废弃物主要发酵原料的沼气工程，以其他有机质为发酵原料的沼气工程参照执行	规定了从沼气工程厌氧消化器排出的沼液沼渣实现资源化利用或处理达标处理的技术要求
NY/T 3828—2020	畜禽粪便食用菌基质化利用技术规范	2020	农业农村部	适用于以畜禽粪便为主要原料生产食用菌基质，用于食用菌栽培	规定了畜禽粪便食用菌基质化利用技术的术语及技术要求、工艺流程、设施设备、产品质量要求、成品包装、运输和储存
HJ/T 81—2001	畜禽养殖业污染防治技术规范	2001	国家环境保护总局	适用于所有养殖场污染防治	规定了畜禽养殖场的选址要求、场区布局与清粪工艺、畜禽粪便贮存、污水处理、固体粪便处理利用、饲料和饲养管理、病死畜禽尸体处理与处置、污染物监测等污染防治的基本技术要求

（续表）

标准号	标准名称	发布年份	提出单位	适用范围	主要内容
JB/T 14283—2022	立式堆肥反应器	2022	工业和信息化部	适用于畜禽粪便等农业有机固体废弃物堆肥处理，具有好氧发酵和保温功能的立式仓体设备的制造	规定了立式堆肥反应器的型式与主要参数、技术要求、试验方法、检验规则、标志、包装、运输和贮存
HJ 497—2009	畜禽养殖业污染治理工程技术规范	2009	环境保护部	适用于集约化畜禽养殖场（区）的新建、改建和扩建污染治理工程从设计、施工到验收、运行的全过程管理和建污染治理工程的运行管理，可作为环境影响评价、设计、施工、环境保护验收及建成后运行与管理的技术依据	规定了集约化畜禽养殖场（区）污染治理工程设计、施工、验收、运行维护的技术要求
HJ 588—2010	农业固体废物污染控制技术导则	2010	环境保护部	适用于指导农业种植、畜禽养殖等产生的固体废物污染控制和管理，实现农业固体废物资源化、减量化、无害化	规定了农业植物性废物、畜禽养殖废物和农用薄膜等三种农业固体废物污染控制的原则、技术措施和管理措施等相关内容

（续表）

标准号	标准名称	发布年份	提出单位	适用范围	主要内容
地方标准					
DB13/T 5812—2023	规模猪场粪污处理设施建设规范	2023	河北省市场监督管理局	适用于规模猪场粪污处理设施的建设	规定了规模猪场固体粪污、液体粪污处理设施建设的技术要求
DB22/T 3518—2023	规模化肉牛场粪污无害化处理设施建设规范	2023	吉林省市场监督管理厅	适用于规模化肉牛场粪污无害化处理设施的建设	规定了规模化肉牛场粪污无害化处理设施建设的基本要求，粪污收集运输设施，粪污贮存设施，粪污发酵设施等技术要求，描述了相应的验证方法和追溯方法
DB36/T 1735—2022	规模猪场粪污全量化收集贮存设施建设规程	2022	江西省市场监督管理局	适用于采用尿泡粪工艺全量化收集和贮存粪污的规模猪场	规定了规模猪场粪污全量化收集贮存设施建设规程的术语和定义、场地选择、建设要求、日常维护等要求
DB5329/T 71—2021	分散养殖畜禽粪便一体化避雨堆贮设施建设技术规范	2021	大理白族自治州市场监督管理局	适用于大理州分散养殖场粪便堆贮设施建设	规定了大理州分散养殖畜禽粪便一体化避雨堆贮设施建设的术语和定义、基本要求、建设技术要求及运行维护

(续表)

标准号	标准名称	发布年份	提出单位	适用范围	主要内容
DB5329/T 72—2021	分散养殖圈舍配套粪污处理设施建设技术规范	2021	大理白族自治州市场监督管理局	适用于大理州分散养殖场粪污处理设施建设	规定了大理州分散养殖圈舍配套粪污处理设施建设技术规范的术语和定义、基本要求、处理流程、建设技术要求及运行维护
DB4117/T 292—2020	畜禽养殖场小区粪污处理设施建设指南	2020	驻马店市市场监督管理局	适用于畜禽养殖场（小区）配套建设粪污处理设施建设要求	规定了畜禽养殖场（小区）粪污处理设施选址要求和源头减量、过程控制、末端利用设施的建设要求
DB23/T 2563—2020	猪场粪污全量贮存密闭囊建设规程	2020	黑龙江省市场监督管理局	适用于采用粪污集中收集贮存的猪场	规定了猪场粪污全量贮存设施密闭囊的选址、规模、建设及档案
DB14/T 1800—2019	规模肉牛育肥场粪污处理设施建设规范	2019	山西省市场监督管理局	适用于养殖规模年出栏200头以上肉牛场粪污处理设施的建设	规定了规模肉牛场粪污处理设施建设的术语和定义、粪污收集与运输、粪污贮存、粪污处理、其他要求
DB14/T 1801—2019	规模奶牛场粪污处理设施建设规范	2019	山西省市场监督管理局	适用于成母牛100头以上规模奶牛场粪污处理设施配套建设	规定了规模奶牛场粪污收集、输出、贮存、处理利用设施的规格与建设要求

（续表）

标准号	标准名称	发布年份	提出单位	适用范围	主要内容
DB14/T 1802—2019	规模肉鸡场粪污处理设施建设规范	2019	山西省市场监督管理局	适用于新建、改建和扩建的且年出栏5 000羽以上的规模化商品肉鸡场粪污处理设施建设的规划、设计与建设，也可作为规模肉鸡场粪污处理设施配套认定的依据	规定了规模化商品肉鸡场粪污处理设施建设的选址、设施和建设要求
DB14/T 1803—2019	规模蛋鸡场粪污处理设施建设规范	2019	山西省市场监督管理局	适用于2 000只以上规模蛋鸡场新建、扩建或改建的粪污处理设施建设，也可作为规模蛋鸡场粪污处理设施配套认定的依据	规定了规模蛋鸡场粪污处理设施建设的基本要求、粪污收集建设设备、堆肥处理建设设备、污水处理建设设施
DB14/T 1473—2017	规模猪场粪污处理设施建设规范	2017	山西省市场监督管理局	适用于500头以上规模猪场粪污处理设施配套的认定	规定了规模猪场源头下减排与不同清粪工艺下粪水收储和无害化处理设施的规格与建设要求
DB32/T 2146—2012	畜禽粪便处理机质量评价技术规范	2012	江苏省质量技术监督局	适用于畜禽粪便固液分离处理机械，其他形式的畜禽粪便处理机也可参照执行	规定了畜禽粪便处理机的要求、试验方法、检验规则、标志、运输和贮存

第二章　无害化处理类标准

（续表）

标准号	标准名称	发布年份	提出单位	适用范围	主要内容
DB65/T 4446—2021	牛粪生产有机肥机械化技术规范	2021	新疆维吾尔自治区市场监督管理局	适用于有机肥加工厂、牛养殖场内牛粪初级有机肥和牛粪商品有机肥的加工、生产	规定了牛粪生产有机肥机械化技术相关的术语和定义、加工工艺、设施设备、质量要求、包装检验、贮存和运输、安全管理
DB65/T 4447—2021	羊粪有机肥机械化制作技术规范	2021	新疆维吾尔自治区市场监督管理局	适用于有机肥加工厂、羊养殖场内羊粪初级有机肥和羊粪商品有机肥的加工、生产	规定了羊粪有机肥机械化制作的术语和定义、加工工艺、流程、设施设备、质量要求、包装检验、贮存和运输、安全管理
DB15/T 1162—2017	规模化奶牛养殖粪污治理工程技术规范	2017	内蒙古自治区质量技术监督局	适用于内蒙古自治区规模化奶牛养殖场	规定了规模化奶牛养殖场粪污治理工程总体设计、工艺选择、劳动安全与职业卫生、施工与验收和运行维护的技术要求
DB11/T 269—2014	粪便处理设施运行管理规范	2014	北京市质量技术监督局	适用于粪便集中消纳、处理的厂（站）等设施的运行管理	规定了粪便处理设施的工艺运行、计量信息、设备车辆、环境保护、在线监管、安全运行、节能减排和对公众开放等方面的管理要求

（续表）

标准号	标准名称	发布年份	提出单位	适用范围	主要内容
DB13/T 5429—2021	畜禽粪便堆肥工程技术规范	2021	河北省市场监督管理局	适用于规模化养殖场、粪污集中处理场所等的畜禽粪便堆肥处理	规定了畜禽粪便堆肥工程中涉及的处理规模核算、厂址及布局、堆肥工艺设计、主要设备、质量控制、贮存、环境要求等
DB6108/T 79—2023	羊场粪污资源化利用技术规程	2023	榆林市市场监督管理局	适用于榆林羊场的粪污资源化利用	规定了羊场污资源化利用中的术语和定义、粪污处理设施建设、粪便收集与贮存、无害化处理和资源化利用的技术要求
DB3209/T 1252—2023	仓筒式堆肥反应器处理鸡粪技术规范	2023	盐城市市场监督管理局	适用于使用仓筒式堆肥反应器对鸡粪进行处理的养殖场及粪污集中处理中心	规定了仓筒式堆肥反应器处理鸡粪的术语和定义、规定了发酵场地、原辅料、设施设备、工艺流程、应急管理、包装、标识、运输与贮存
DB50/T 1527—2023	黑水虻处理猪粪技术规程	2023	重庆市市场监督管理局	适用于黑水虻处理猪粪的技术指导	规定了黑水虻处理猪粪的场地与设施、工艺流程、预处理、基料处理、虫粪分离的要求

(续表)

标准号	标准名称	发布年份	提出单位	适用范围	主要内容
DB14/T 2884—2023	畜禽养殖场（户）粪污处理技术规程	2023	山西省市场监督管理局	适用于畜禽养殖场（户）粪污处理	规定了畜禽养殖场（户）粪污处理技术的术语和定义、基本要求、处理技术、安全要点和档案管理等
DB53/T 466.2—2023	高原湖泊流域畜禽粪便综合利用 第2部分：初加工	2023	云南省市场监督管理局	适用于高原湖泊流域畜禽粪便集中收集后加工的分类、分选及堆肥或厌氧消化处理	规定了高原湖泊流域畜禽粪便集中收集后初加工的分类、分选及堆放、堆肥及厌氧消化等技术
DB5133/T 75—2023	牦牛粪污处理技术规程	2023	甘孜藏族自治州市场监督管理局	适用于甘孜州行政区域内牦牛规模化养殖场（自然放牧牦牛除外）粪污处理	规定了牦牛粪污收集存储、处理设施场地、粪污发酵设施及腐料处理等技术要求
DB13/T 5827—2023	集约化奶牛养殖粪污保氮固磷堆肥技术规程	2023	河北省市场监督管理局	适用于集约化奶牛养殖粪污资源化高效利用	规定了集约化奶牛养殖粪水酸化保氮、粪便保氮固磷堆肥及还田利用等技术要求
DB1409/T 40—2023	规模化猪场粪污处理技术规程	2023	忻州市市场监督管理局	适用于忻州市范围内的规模化猪场粪污处理	规定了规模化猪场粪污存存及设备分离、粪污处理、台账记录运行与维护等方面的要求

(续表)

标准号	标准名称	发布年份	提出单位	适用范围	主要内容
DB32/T 4572—2023	规模奶牛场粪污管理技术规范	2023	江苏省市场监督管理局	适用于规模奶牛场的粪污管理工作	规定了规模奶牛场粪污管理的基本要求、粪污收集与贮存技术、粪污固液分离技术、粪污处理与利用技术、粪污处理工艺模式以及环境监测要求
DB4106/T 110—2023	畜禽粪便有机肥料生产技术规范	2023	鹤壁市市场监督管理局	适用于以畜禽粪便为主要原料,经好氧发酵菌剂接种发酵腐熟制作有机肥料的生产技术	规定了畜禽粪便有机肥生产的原料、发酵场地、工艺流程、生产、包装、贮存
DB65/T 4647—2023	规模化奶牛场粪污处理与利用技术规范	2023	新疆维吾尔自治区市场监督管理局	适用于新疆地区奶牛存栏 100 头以上奶牛场粪污处理与利用	规定了规模化奶牛场粪污处理与利用的总体要求、粪污处理的模式、粪污收集与贮存、固体粪便处理、污水处理和运行与维护
DB65/T 4690—2023	规模化肉牛养殖场粪污处理与利用技术规范	2023	新疆维吾尔自治区市场监督管理局	适用于新疆规模化的肉牛养殖场	规定了规模化肉牛养殖场粪污处理与利用技术的术语和定义、技术要求

（续表）

标准号	标准名称	发布年份	提出单位	适用范围	主要内容
DB53/T 1182—2023	黑水虻处理猪粪技术规程	2023	云南省市场监督管理局	适用于采用干清粪工艺的生猪养殖场（户）猪粪的处理	规定了黑水虻处理猪粪的工艺流程、场地与设施、处理要求、分离和利用等技术方法
DB2302/T 031—2023	牛粪堆积发酵技术规程	2023	齐齐哈尔市市场监督管理局	适用于齐齐哈尔地区牛粪的堆肥处理	规定了牛粪在堆积发酵过程中的场地要求、堆肥操作、腐熟判定、其他要求和档案管理
DB42/T 2031—2023	分散式养殖畜禽粪污氮磷流失控制与利用技术规程	2023	湖北省市场监督管理局	适用于以庭院为单元的分散式畜禽养殖方式，养殖专业户可参照执行	规定了分散式养殖畜禽粪污氮磷流失控制与利用3个关键环节的技术内容和具体操作方法，包括收集环节的清粪方式、雨污分流、干湿分离，无害化处理环节的粪便处理、沼渣处理，以及还田利用环节的土地匹配和还田方法
DB15/T 3041—2023	规模化奶牛场粪再生垫料制备技术规程	2023	内蒙古自治区市场监督管理局	适用于规模化奶牛场牛粪资源化利用制作储备奶牛卧床垫料	规定了规模化奶牛场的术语定义、原料要求、分离、发酵工艺、干湿、晾晒、质量要求、贮存

（续表）

标准号	标准名称	发布年份	提出单位	适用范围	主要内容
DB4206/T 64—2023	畜禽粪便分子滤膜堆肥技术规程	2023	襄阳市市场监督管理局	适用于规模化养殖场和集中处理中心的畜禽粪便及养殖垫料堆肥	规定了利用分子滤膜堆肥技术转化畜禽粪便为有机肥的场地要求、堆肥工艺、设施设备、堆肥质量评价
DB5202/T 036—2023	盘江牛养殖场粪便及废弃物处理技术规范	2023	六盘水市市场监督管理局	适用于常年设计存栏牛50头以上的盘江牛养殖场的粪便及废弃物处理	规定了盘江牛养殖场粪便及废弃物处理的基本要求、收集贮存与运输、处理、利用、档案记录和保存
DB13/T 5648—2022	畜禽粪便纳米膜好氧发酵堆肥技术规范	2022	河北省市场监督管理局	适用于以畜禽粪便为主要原料的纳米膜堆肥好氧堆肥	规定了畜禽粪便纳米膜覆盖好氧堆肥技术的选址与设备选型、工艺流程、堆肥前准备、混料、建堆、覆膜发酵、二次发酵、堆肥产品检测与质量评价、记录与存档的要求
DB50/T 1317—2022	牛粪堆肥发酵技术规范	2022	重庆市农业农村委员会	适用于规模牛场的牛粪有机肥生产	规定了牛粪堆肥发酵技术的术语和定义、发酵技术、环境要求、检测、成品贮存与运输、档案管理的要求

（续表）

标准号	标准名称	发布年份	提出单位	适用范围	主要内容
DB64/T 1853—2022	畜禽粪便封闭式强制曝气堆肥技术规程	2022	宁夏回族自治区市场监督管理厅	适用于规模化畜禽养殖场、规模化畜禽集中养殖园区粪便及沼渣的周年好氧快速堆肥发酵	规定了畜禽粪便封闭好氧发酵堆肥过程中使用强制曝气的场地要求、粪便收集、贮存与运输、堆肥车间及配套设施、堆肥工艺、设备、臭气处理设施设备、生产管理、堆肥质量评价和检测方法等参数和条件的规程
DB2107/T 0006—2022	牛粪加洋葱尾莱为基质蚯蚓养殖技术规程	2022	锦州市市场监督管理局	适用于锦州地区使用牛粪加洋葱尾莱为基质的太平2号蚯蚓养殖，其他地区可参照执行	规定了牛粪加洋葱尾莱为基质的太平2号蚯蚓养殖基质制作、蚯蚓种的选择及整理、投放、养殖、采收、天敌防控、养殖档案管理的过程要求
DB50/T 1237—2022	中小规模肉牛养殖场粪污处理与利用技术规范	2022	重庆市农业农村委员会	适用于常年存栏肉牛50~500头中小规模养殖场	规定了中小规模肉牛养殖场粪污处理的术语和定义、基本要求、布局与设计、清粪工艺、粪污收集与贮存、利用、处理、资料记录的技术要求

(续表)

标准号	标准名称	发布年份	提出单位	适用范围	主要内容
DB34/T 4129—2022	规模羊场粪污处理与利用技术规程	2022	安徽省市场监督管理局	适用于规模化羊场的粪污化处理和粪污利用	规定了规模化羊场粪污收集与贮存、粪污无害化处理和粪污利用要求
DB14/T 2436—2022	规模化鸡场粪污好氧发酵技术规程	2022	山西省市场监督管理局	适用于规模化养鸡场和集中处理中心的鸡粪及垫料的鸡粪化处理	规定了规模化鸡场粪污好氧发酵的场地要求、原料要求、发酵工艺、发酵过程、设施设备、发酵管理及档案管理
DB61/T 1489.17—2021	秦川牛生产技术规范 第17部分：粪污无害化处理	2021	陕西省市场监督管理局	适用于秦川牛养殖场（户）的粪污无害化处理	规定了秦川牛粪污无害化处理的基本要求、处理场的位置选择、粪污储存、运输、处理及处理后利用等要求
DB4114/T 151—2021	规模化鸡场粪污处理技术规范	2021	商丘市市场监督管理局	适用于商丘市区规模化鸡养殖场的粪污处理	规定了处理技术的术语和定义、一般要求、处理原则、粪污收集与贮存、粪便处理、物理处理等要求
DB62/T 4394—2021	畜禽粪污处理场生产运行管理指南	2021	甘肃省市场监督管理局	适用于畜禽粪污处理场生产运行管理	规定了畜禽粪污处理场的总则、畜禽粪污收集、运输、贮存、处理和管理要求

第二章 无害化处理类标准

（续表）

标准号	标准名称	发布年份	提出单位	适用范围	主要内容
DB23/T 2933—2021	寒区规模化奶牛场粪污收集贮存与处理技术规程	2021	黑龙江省市场监督管理局	适用于新建、改扩建规模化奶牛场（或奶牛养殖小区）的粪污收集、贮存与处理	规定了规模化奶牛场粪污的一般性要求、粪污收集、粪污贮存、粪污处理、运行维护、资料记录以及注意事项
DB36/T 1424—2021	牛羊粪养殖蚯蚓技术规程	2021	赣州市市场监督管理局	适用于牛羊粪的蚯蚓养殖	确立了牛羊粪养殖蚯蚓的程序，规定了牛羊粪的收集、储存及运输、基料的准备、蚯蚓种的采收与利用等阶段的技术要求
DB21/T 3390.3—2021	规模化养鸡场管理技术规范 第3部分：粪污处理	2021	辽宁省市场监督管理局	适用于新建、改建和扩建的规模化养鸡场粪污处理的规划、设计、建设、运行与管理	规定了规模化养鸡场粪污处理技术语和定义、处理原则、粪污收集与贮存、处理模式、污水处理、粪便处理、运行与维护
DB1306/T 179—2021	规模奶牛场粪污处理及资源化利用技术规范	2021	保定市市场监督管理局	适用于保定市规模奶牛场粪污处理	规定了规模奶牛场粪污的术语和定义、固体粪污收集技术、粪污收集、处理及资源化利用方式

（续表）

标准号	标准名称	发布年份	提出单位	适用范围	主要内容
DB36/T 1361—2020	黑水虻处理鸭粪技术规程	2020	江西省市场监督管理局	适用于规模化肉（蛋）鸭网上平养、笼养等鸭粪的处理	规定了黑水虻处理鸭粪的术语定义、场地与设施、预处理、投放与管理、分离及利用
DB12/T 1018—2020	牛粪养殖蚯蚓技术规范	2020	天津市市场监督管理委员会	适用于采用干清粪方式处理的奶牛场所产出的牛粪的处理	规定了牛粪养殖蚯蚓的场地设计、蚯蚓品种的选择、养殖基质的制作、养殖管理、蚯蚓以及蚯蚓粪的分离收集
DB11/T 1798—2020	规模化鸡场粪污处理技术规范	2020	北京市质量技术监督局	适用于北京市蛋鸡（含肉蛋兼用型鸡）存栏5 000只以上、肉鸡年出栏5万只以上的鸡场	规定了规模化鸡场粪污处理的一般要求、粪便收集与贮存、冲洗废水的处理、运行与维护
DB4117/T 293—2020	畜禽养殖场（小区）粪污处理技术指南	2020	驻马店市市场监督管理局	适用于畜禽养殖场（小区）的畜禽粪污处理	规定了畜禽养殖场（小区）粪污处理方法，包括主要技术模式和适用模式的选择
DB62/T 4234—2020	畜禽粪便发酵腐熟技术规程	2020	甘肃省市场监督管理局	适用于以牛粪、羊粪、鸡粪、猪粪等畜禽粪便为原料的好氧发酵腐熟处理	规定了畜禽粪便发酵的场地要求、发酵材料、发酵设备、发酵腐熟工艺、一次发酵、二次发酵及发酵腐熟程度的判定

第二章 无害化处理类标准

(续表)

标准号	标准名称	发布年份	提出单位	适用范围	主要内容
DB50/T 1011.2—2020	丘陵山地农村生产生活废弃物处理利用技术规程 第2部分：畜禽养殖粪污	2020	重庆市农业农村委员会	适用于丘陵山地畜禽养殖粪污的处理与利用	规定了畜禽养殖粪污处理收集、资源化处理、循环化利用等环节的技术及设备要求等
DB53/T 967—2020	畜禽粪便好氧堆肥化操作规程	2020	云南省市场监督管理局	适用于畜禽粪便好氧堆肥化处理，以牛和鸡粪便处理可部分参考	规定了畜禽粪便好氧堆肥化工艺操作的术语和定义、堆肥化工艺流程、混合配料、一次发酵、二次发酵、后熟阶段等
DB14/T 2027—2020	畜禽粪污沼渣基质制备技术规程	2020	山西省市场监督管理局	适用于畜禽粪污沼渣基质的制备	规定了畜禽粪污沼渣基质制备的术语和定义、原料、基质制备、基质要求
DB23/T 2553—2020	规模化奶牛场粪便密闭好氧发酵生产垫料技术规程	2020	黑龙江省市场监督管理局	适用于规模化奶牛场以牛粪为主要原料，经过密闭好氧发酵生产垫料	规定了以奶牛粪便通过密闭好氧发酵生产奶牛垫料的原料来源、工艺及技术、垫料要求、储存使用等
DB23/T 2555—2020	牛粪制作双孢蘑菇栽培基质技术规范	2020	黑龙江省市场监督管理局	养牛场的牛粪处理及双孢菇生产环利用	规定了双孢蘑菇栽培基质制作的场地准备、原料选择与准备及堆置发酵

（续表）

标准号	标准名称	发布年份	提出单位	适用范围	主要内容
DB1302/T 498—2019	规模化奶牛场粪污资源化利用技术规程	2019	唐山市市场监督管理局	适用于新建、改建和扩建的300头以上规模化奶牛场粪污资源化利用	规定了规模化奶牛场粪污资源化利用的总体要求、粪污收集与贮存、粪污处理利用等要求
DB34/T 3486—2019	畜禽粪污覆膜氧化塘处理技术规程	2019	安徽省市场监督管理局	适用于粪污的总固体含量小于15%，有与粪污相配套农田使用面积的规模畜禽养殖场	规定了畜禽粪污术语和定义、覆膜氧化塘建设、运行和维护
DB52/T 1460—2019	鸡粪污堆肥处理利用技术规程	2019	贵州省市场监督管理局	适用于贵州省内鸡养殖场的粪污处理	规定了贵州省无害化处理产生的粪污术语和定义、处理原则、处理场建设、粪污收集与贮存、利用、监督与管理等
DB13/T 5117—2019	利用黑水虻处理狐貉粪便技术规程	2019	河北省市场监督管理局	适用于利用黑水虻处理狐貉养殖场粪便及粪便资源化利用	规定了利用黑水虻处理狐貉粪便的术语和定义、种虫选择、处理前准备、粪便处理、幼虫收集等要求
DB2306/T 098—2019	畜禽粪便与秸秆混合堆肥技术规程	2019	大庆市市场监督管理局	适用于指导大庆地区以畜禽粪便和秸秆作为混合物料的条垛式堆肥	规定了畜禽粪便与秸秆混合堆肥的场地要求、设施设备、堆肥工艺、物料预处理、堆肥质量评价和检测方法

（续表）

标准号	标准名称	发布年份	提出单位	适用范围	主要内容
DB63/T 1765—2019	牦牛粪污资源化利用技术规范	2019	青海省市场监督管理局	适用于日间放牧后归牧或集中养殖的牦牛养殖场、合作社及家庭牧场粪污的资源化利用	规定了牦牛粪污资源化利用的原则、处理场地及设施、粪污收集、贮存及处理方式等
DB12/T 907—2019	牛粪制备卧床垫料技术规程	2019	天津市市场监督管理委员会	适用于奶牛场牛粪卧床垫料的制备	规定了牛粪制备卧床垫料的制备工艺流程、制备工艺环境条件、制备工艺流程及贮存要求
DB3209/T 1173—2019	笼养鸡粪轻简化处理技术规范	2019	盐城市市场监督管理局	适用于中小型笼养鸡场粪污处理	规定了笼养鸡粪轻简化处理技术中场地选择、粪道建设、机械设备、床体管理、卫生消毒以及记录
DB37/T 3591—2019	畜禽粪便堆肥技术规范	2019	山东省市场监督管理局	适用于规模化养殖场粪便的好氧堆肥处理	规定了畜禽粪便好氧堆肥过程中涉及的工程与肥料标准、工艺、设备、堆肥工艺选择、预处理、堆肥过程控制、环境保护与安全、堆肥产品

· 81 ·

（续表）

标准号	标准名称	发布年份	提出单位	适用范围	主要内容
DB15/T 1577.4—2019	绒山羊规模化羊场舍饲管理技术规程 第4部分：粪污处理	2019	内蒙古自治区市场监督管理局	适用于内蒙古地区规模化绒山羊养殖场（小区）及以羊粪便为原料的家畜粪污化处理场	规定了绒山羊养殖场粪污无害化处理设施（场）建设、粪污收集、贮存、无害化处理与利用及监督管理的基本技术操作要求
DB52/T 1397—2018	鸡粪有机肥料生产技术规范	2018	贵州省市场监督管理局	适用于以鸡粪为主要原料、经发酵腐熟后制成的有机肥料	规定了有机肥料生产的原料及辅料、发酵方式、发酵场地、工艺流程、质量指标、包装、标识及运输贮存
DB11/T 1394—2017	生猪养殖场粪便处理技术要求	2017	北京市质量技术监督局	适用于生猪养殖场（户）的粪便处理	规定了生猪粪便的处理原则、清理与收集、贮存、处理及处理后产物的要求等
DB15/T 1155—2017	粪渣发酵牛床垫料质量规范	2017	内蒙古自治区质量技术监督局	适用于以牛粪为主要原料，并经过高温发酵制成的牛床垫料。本标准适用于规模化牧场对垫发酵粪渣的质量要求	规定了发酵粪渣垫料的质量标准、试验方法、检验规则、判定规则、贮存等

(续表)

标准号	标准名称	发布年份	提出单位	适用范围	主要内容
DB21/T 2735.4—2017	绒山羊养殖技术规程 第4部分：粪污处理	2017	辽宁省质量技术监督局	适用于规模化绒山羊养殖场（小区）及以羊粪便为原料的畜禽粪便处理场	规定了绒山羊养殖场粪污无害化处理设施（场）建设、粪污收集、贮存、无害化处理与利用及监督管理的基本技术操作要求
DB37/T 4487—2021	种养废弃物基质化生产技术规程	2021	山东省市场监督管理局	适用于以农作物秸秆、食用菌菌渣、畜禽粪便、沼渣等富含有机质的种养废弃物为主要原料，花卉蔬菜、花开育苗及无土栽培的基质化生产技术	规定了种养废弃物基质化生产的技术工艺、质量要求、检测方法等
DB62/T 2740—2016	农业废弃物基质化利用玉米秸秆与牛粪混合处理技术规程	2016	甘肃省质量技术监督局	适用于农业废弃物玉米秸秆与牛粪混合基质化处理	规定了玉米秸秆与牛粪混合基质化利用过程中原料选用、预处理、建堆、覆膜、温度检测、翻堆至发酵完成等技术要求
DB62/T 2737—2016	农业废弃物基质化利用牛（羊）粪处理技术规程	2016	甘肃省质量技术监督局	适用于农业废弃物牛（羊）粪的基质化处理	规定了牛（羊）粪基质化处理过程中原料选用、预处理、菌剂添加、建堆、覆膜、温度监测、翻堆等技术要求

（续表）

标准号	标准名称	发布年份	提出单位	适用范围	主要内容
DB45/T 1385—2016	规模养猪场粪污综合处理技术规程	2016	广西壮族自治区质量技术监督局	适用于规模养猪场的粪污综合处理	规定了规模养猪的术语和定义、猪场选址和建设要求、猪场生产管理、粪污综合处理设施建设要求、粪污综合处理工艺、粪污排放标准等
DB34/T 2717—2016	牛粪的生物处理技术规程（蚯蚓养殖）	2016	安徽省市场监督管理局	适用于适度规模养牛场牛粪的处理	规定了牛粪生物处理中蚯蚓养殖的场地设计、蚯蚓品种的选择、饲料的组成、养殖条件、饲养管理等
DB12/T 593—2015	规模化鸡场粪污处理技术规范	2015	天津市农业标准化技术委员会	适用于天津市新建、改建和扩建的规模化鸡场粪污处理的规划、设计、建设与管理	规定了规模化鸡场粪污处理技术语和定义、一般性要求、粪污收集与贮存、粪式选择、污水处理、粪便处理、运行与维护
DB12/T 592—2024	奶牛场粪污处理技术规范	2024	天津市市场监督管理委员会	适用于天津市新建、改建和扩建的奶牛场粪污处理	规定了奶牛场粪污处理的一般性要求、工艺模式、工程技术、运行与维护

(续表)

标准号	标准名称	发布年份	提出单位	适用范围	主要内容
DB37/T 2666—2015	猪场粪污养殖场粪污处理与利用技术规范	2015	山东省质量技术监督局	适用于规模猪场	规定了猪场粪污处理与利用的技术规范
DB36/T 837—2015	猪粪养殖蚯蚓技术操作规程	2015	江西省质量技术监督局	适用于猪养殖蚯蚓,可应用于大、中型蚯蚓养殖场进行蚯蚓的养殖和管理	规定了猪养殖蚯蚓环节中猪粪的收集、运输和贮存、基料的准备、场地的选择、蚯蚓床的准备、蚯蚓的播种以及蚯蚓的饲养管理和采集
DB23/T 1607—2015	规模化奶牛养殖粪污处理技术规程	2015	黑龙江省质量技术监督局	适用于黑龙江省境内的规模化奶牛养殖粪污处理	规定了规模化奶牛养殖粪污清理、贮存和处理技术要求
DB12/T 540—2014	规模化猪场粪污处理与利用技术规范	2014	天津市农业标准化技术委员会	适用于新建、改建和扩建的规模化猪场粪污处理与利用	规定了规模化猪场粪污处理与利用的术语和定义、前处理、猪粪处理、运行与维护、综合利用
DB34/T 2113—2014	鸡粪堆肥生产技术规程	2014	安徽省市场监督管理局	适用于鸡粪堆肥	规定了鸡粪堆肥工艺流程、配方、温度与时间、堆肥方式、产品质量要求和包装、标识、运输与贮存的要求

（续表）

标准号	标准名称	发布年份	提出单位	适用范围	主要内容
DB51/T 1735—2014	规模牛粪污处理规范	2014	四川省质量技术监督局	适用于四川省内存栏100头牛以上的奶牛场、乳肉兼化的奶牛场小区及规模化肉牛养殖场的建设与生产	规定了牛场粪污的术语和定义，牛场粪污处理设施布局要求，粪污处理设备、牛粪的收集处理、废弃物的处理、资料记录等管理与运行应遵循的准则和要求
DB32/T 2600—2013	畜禽养殖粪便集中收集处理技术规程	2013	江苏省质量技术监督局	适用畜禽粪便集中收集处理工程的新建、改建和扩建从设计、施工到验收，可作为粪便集中处理、运行的全过程管理，可作为粪便集中处理工程设计、施工、验收与建成后运行与管理的技术依据	规定了畜禽粪便集中收集处理的原则，技术要求、工艺选择与操作技术、生产管理、检测规则和方法
DB64/T 871—2013	畜禽粪便堆肥技术规范	2013	宁夏回族自治区质量技术监督局	适用于日处理量大于1吨的畜禽粪便堆肥设施及工艺过程	规定了畜禽粪便堆肥技术的术语定义、工程选址与工程流程、辅助工程、工艺控制、预处理、堆肥工艺、产品包装、标识、运输和贮藏及环境检测要求、安全管理要求

（续表）

标准号	标准名称	发布年份	提出单位	适用范围	主要内容
DB53/T 466.3—2023	高原湖泊流域畜禽粪便综合利用 第3部分：生态有机肥	2023	云南省质量技术监督局	适用于高原湖泊流域以畜禽粪便为主要原料，经无害化处理及发酵腐熟后形成的具有肥效应的肥料	规定了高原湖泊流域畜禽粪便综合利用生态有机肥的术语和定义、要求、试验方法、检验规则、采样、标识、包装、运输和贮存
DB53/T 466.2—2023	高原湖泊流域畜禽粪便综合利用 第2部分：初加工	2023	云南省市场监督管理局	适用于畜禽粪便肥的堆肥集后的堆肥或厌氧消化处理	规定了高原湖泊流域畜禽粪便综合利用初加工的分类、分选及堆放、堆肥及厌氧消化等技术内容
DB34/T 1523—2011	猪粪高温好氧堆肥技术规程	2011	安徽省市场监督管理局	适用于大、中型规模化养殖场以猪粪为主要原料进行高温好氧堆肥	规定了猪粪高温好氧堆肥原料、技术流程、工艺参数控制和肥成品质量的要求

收规范缺乏，固体粪污处理类技术标准制定了堆肥、基质化利用方面的标准，能够指导粪污肥料化和基质化利用，一些地方标准对黑水虻养殖、蚯蚓养殖、垫料利用进行了补充规定，国家和行业标准还未制定，同时固体粪污肥料化标准以堆肥为主，缺乏固体粪污沤肥的相关技术标准与设施建设标准，无法指导中小养殖场科学开展沤肥作业。

3. 液体粪污无害化处理

共收集液体粪污处理相关的标准33项，其中国家标准6项、行业标准13项、地方标准14项（表8）。6项国家标准针对畜禽养殖业污染物排放标准、农田灌溉水质标准、农用沼液、畜禽养殖污水贮存设施设计要求、大中型沼气工程和户用沼气设施设计提出了技术要求。行业标准中，有2项标准针对粪水还田提出了技术要求，有9项标准针对沼气工程的建设与验收提出了管理要求，有1项标准对沼肥质量提出了相关要求，规定沼渣肥中粪大肠菌群数≤100个/克，蛔虫卵死亡率≥95%，沼液肥中粪大肠菌群数≤100个/毫升，蛔虫卵死亡率≥95%。地方标准以粪污无害化处理技术规范和异位发酵床处理技术规范为主。

从标准类型来看，国家标准和行业标准中对液体粪肥还田要求类标准4项，产物指标要求类标准2项，处理设施设备类标准4项，沼气工程建设和运营要求类标准8项，检测方法类标准1项。总的看，国家标准和行业标准主要针对液体粪污还田要求、沼气工程建设和沼肥产品等提出了相关规定，对贮存发酵、异位发酵床等主要技术标准缺失；而地方标准针对全量液体粪污贮存处理技术、氧化塘贮存、黑膜沼气池、异位发酵床等技术提出了相关规定，部分地区针对不同类型的粪污提出了技术要求，但多数仅适用于当地气候和农业特点，不适宜在全国范围内推广。建议针对不同类型的液体粪污贮存设施要求、全量粪污贮存处理技术、液体粪污异位发酵床处理技术和粪水还田量要求等技术制定

第二章 无害化处理类标准

表8 液体粪污无害化处理相关标准

标准号	标准名称	制定年份	发布部门	标准分类	适用范围	主要内容
			国家标准			
GB 18596—2001	畜禽养殖业污染物排放标准	2001	国家环境保护总局	国家标准	适用于集约化畜禽养殖场和养殖区污染物的排放管理	规定了水污染物、恶臭气体的最高日均排放浓度，排放量，废渣无害化标准
GB 5084—2021	农田灌溉水质标准	2021	生态环境部	国家标准	适用于畜禽养殖废水等作为农田灌溉水源的水质监督管理	规定了农田灌溉水质要求、监测与分析方法
GB/T 40750—2021	农用沼液	2021	国家市场监督管理总局、国家标准化管理委员会	国家标准	适用于以畜禽污粪等为主要原料农用沼液的生产、检验与施用	规定了农用沼液质量要求与检测方法，检验规则，标志、包装和储存等
GB/T 26624—2011	畜禽养殖污水贮存设施设计要求	2011	国家质量监督检验检疫总局、国家标准化管理委员会	国家标准	适用于养殖污水贮存设施的设计	规定了畜禽养殖污水贮存设施选址、技术参数要求等内容
GB/T 4750—2016	户用沼气池设计规范	2016	农业部	国家标准	适用于混凝土、砖混等材料户用沼气池的设计建造	规定了户用沼气池的设计规范及配套设施的设计要求、指标参数

（续表）

标准号	标准名称	制定年份	发布部门	标准分类	适用范围	主要内容
GB/T 51063—2014	大中型沼气工程技术规范	2014	住房和城乡建设部	国家标准	适用于大中型沼气工程的设计建造	规定了大中型沼气工程基本规定、沼气站、沼气输送、施工安装与验收、运行与维护等
行业标准						
NY/T 4046—2021	畜禽粪水还田技术规程	2021	农业农村部	行业标准	适用于畜禽粪水还田资源化利用	规定了制定还田计划、收集、检测与安全要求、发酵、输送与暂存、农田施用技术要求等
NY/T 2065—2011	沼肥施用技术规范	2011	农业部	行业标准	适用于以畜禽粪便为主要发酵原料的户用沼气发酵装置所产生的沼肥用于粮油、果树、蔬菜等	规定了沼气池制取沼肥的工艺条件、沼肥的形状、主要污染物允许含量、综合利用技术与方法
NY/T 2596—2022	沼肥	2022	农业农村部	行业标准	适用于畜禽粪便、秸秆等有机废弃物为原料，经充分厌氧发酵产生的固体和液体沼肥	规定了沼肥的术语和定义、技术要求及检验方法、检测规则、包装、标识、运输和储存

(续表)

标准号	标准名称	制定年份	发布部门	标准分类	适用范围	主要内容
NY/T 2600—2014	规模化畜禽养殖场沼气工程设备选型技术规范	2014	农业部	行业标准	适用于新建、改建和扩建的规模化畜禽养殖场沼气工程，指导沼气工程进行工艺装置及设备选择	规定了规模化畜禽养殖场沼气工程的设备分类及主要参数选取等
NY/T 1220.1—2019	沼气工程技术规范 第1部分：工程设计	2019	农业农村部	行业标准	适用于新建、扩建与改建的沼气工程，不适用于农村户用沼气池	规定了沼气工程的设计原则、设计内容及主要设计参数
NY/T 1220.2—2019	沼气工程技术规范 第2部分：输配系统设计	2019	农业农村部	行业标准	适用于新建、扩建或改建的沼气工程输配系统设计	规定了沼气工程中的沼气输配和利用的技术要求
NY/T 1220.3—2019	沼气工程技术规范 第3部分：施工及验收	2019	农业农村部	行业标准	适用于新建、扩建与改建的沼气工程，不适用于农村户用沼气池	规定了沼气工程施工及验收的内容、要求和方法
NY/T 1220.4—2019	沼气工程技术规范 第4部分：运行管理	2019	农业农村部	行业标准	适用于已建成并通过竣工验收的沼气工程	规定了沼气工程运行管理、维护保养、安全操作的一般原则以及各个建构筑物、仪器设备，运行管理、维护保养、安全操作的专门要求

(续表)

标准号	标准名称	制定年份	发布部门	标准分类	适用范围	主要内容
NY/T 1220.5—2019	沼气工程技术规范 第5部分：质量评价	2019	农业农村部	行业标准	适用于新建、扩建与改建的沼气工程，不适用于农村户用沼气池	规定了沼气工程质量的基本评价指标和评分要求，沼气工程质量评价的方法
NY/T 1220.6—2014	沼气工程技术规范 第6部分：安全使用	2014	农业部	行业标准	适用于已建成并通过验工程收的沼气	规定了沼气工程安全生产的基本要求，控制过程影响沼气安全的一般要求、安全防护技术措施、安全管理措施
NY/T 2599—2014	规模化畜禽养殖场沼气工程验收规范	2014	农业部	行业标准	适用于新建、扩建与改建的规模化畜禽养殖场沼气工程	规定了规模化畜禽养殖场沼气工程验收的内容和要求
NY/T 1221—2006	规模化畜禽养殖场沼气工程运行、维护及其安全技术规程	2006	农业部	行业标准	适用于规模化畜禽养殖场和规模化饲养小区的沼气工程	规定了规模化畜禽养殖场沼气工程运行、维护及其安全技术要求
NY/T 4440—2023	畜禽液体粪污中四环素类、磺胺类和喹诺酮类药物残留量的测定 液相色谱-串联质谱法	2023	农业农村部	行业标准	适用于猪、牛、鸡等畜禽液体粪污中四环素类、磺胺类和喹诺酮类药物残留量的测定	规定了畜禽液体粪污中四环素类、磺胺类和喹诺酮类药物残留量测定33的方法

（续表）

标准号	标准名称	制定年份	发布部门	标准分类	适用范围	主要内容
			地方标准			
DB43/T 2602—2023	规模养殖场液体粪污肥料化利用技术规范	2023	湖南省市场监督管理局	地方标准	适用于规模养殖场对液体粪污的污染防治与肥料化利用，规模小于本文件规定的养殖场可参照使用	规定了液体粪污肥料化利用的场区建设、产生量估算、减量化要求、液体粪污的收集、贮存和运输，液体粪肥还田利用方法与要求
DB 14/T 2026—2020	规模猪场粪水还田技术规程	2020	山西省市场监督管理局	地方标准	适用于年出栏生猪500头以上的养殖场	规定了规模猪场粪水还田技术的基本要求、设施设备、粪水处理、粪肥全量还田、过程记录等
DB 23/T 2563—2020	猪场粪污全量贮存密闭囊建设规程	2020	黑龙江省市场监督管理局	地方标准	适用于采用粪污集中收集贮存的猪场	规定了猪场粪污全量贮存设施密闭囊的选址、规模、建设及档案
DB34/T 3486—2020	畜禽粪污覆膜氧化塘处理技术规程	2020	安徽省市场监督管理局	地方标准	适用于粪污的总固体含量小于15%、有与粪污相配套农田使用面积的规模畜禽养殖场	规定了畜禽粪污覆膜氧化塘处理定义、术语、覆膜氧化塘建设、运行和维护方面的内容

(续表)

标准号	标准名称	制定年份	发布部门	标准分类	适用范围	主要内容
DB62/T 4736—2023	养殖污水黑膜沼气池工程技术规范	2023	甘肃省市场监督管理局	地方标准	适用于生猪、奶牛、肉牛规模养殖场污水处理	规定了养殖污水黑膜沼气池容积、施工流程、土建施工、HDPE土工膜铺设等技术要求
DB37/T 3117—2018	畜禽场废弃物厌氧发酵制取沼气规程	2018	山东省市场监督管理局	地方标准	适用于山东省规模化畜禽养殖场和养殖小区的废弃物厌氧发酵制取沼气	规定了畜禽场废弃物厌氧发酵沼气工建设的工艺设计、建造、运行维护、安全管理等
DB34/T 3017—2017	规模养殖场沼气清洁生产技术规范	2017	安徽省市场监督管理局	地方标准	适用于新建、改建、扩建的规模养殖场沼气工程,本标准不适用于户用沼气池和生活污水净化沼气池	规定了从源头、过程控制和末端治理整体考虑的畜禽养殖场沼气工程的设计、运行和管理的技术要求
DB61/T 503—2010	农村中小型畜养殖场沼气工程建设规范	2010	陕西省质量技术监督局	地方标准	适用于农村中小型畜禽养殖场20~300m³沼气工程的施工建设和质量验收	规定了农村中小型畜禽养殖场沼气工程施工及验收的内容、要求及方法

(续表)

标准号	标准名称	制定年份	发布部门	标准分类	适用范围	主要内容
DB34/T 3997—2021	秸秆粪污混合原料沼气工程设计规范	2021	安徽省市场监督管理局	地方标准	适用于以农作物秸秆和畜禽粪污为主要原料的沼气工程的工艺设计	规定了秸秆粪污混合原料沼气工程的一般规定、设计内容、工艺路线和主要设计参数
DB51/T 2809—2021	畜禽粪污异位发酵床处理技术规范	2021	四川省市场监督管理局	地方标准	适用于以异位发酵床技术对畜禽粪污进行处理的养殖场（小区、户）及集中处理中心	规定了畜禽粪污异位发酵床处理技术的处理原则、选址与布局、设施建设要求、基质制作、酵床运行管理及废弃垫料资源化利用
DB12/T 1050—2021	畜禽粪污异位发酵床处理技术规范	2021	天津市市场监督管理委员会	地方标准	适用于异位发酵床处理畜禽粪污的养殖场或粪污处理中心	规定了畜禽粪污异位发酵床处理的工艺流程、选址与布局、建设要求、发酵床制作、运行管理要求

(续表)

标准号	标准名称	制定年份	发布部门	标准分类	适用范围	主要内容
DB35/T 1678—2017	畜禽粪污异位微生物发酵床处理技术规范	2017	福建省质量技术监督局	地方标准	适用于以异位微生物发酵床对畜禽养殖粪污进行处理	规定了畜禽粪污异位微生物发酵床处理设施的选址、场区布局、建设要求、粪污收集、贮存、处理技术及管理要求
DB4106/T 85—2022	规模猪场粪污异位发酵床建设与运行规范	2022	鹤壁市市场监督管理局	地方标准	适用于规模猪场粪污的异位发酵床建设与运行管理	规定了猪场粪污异位发酵床的建设、垫料主料及发酵菌剂选择、垫料的制备、发酵床的运行管理等
DB36/T 1600—2022	鸭粪污异位发酵床床体建设技术规范	2022	江西省市场监督管理局	地方标准	适用于规模化鸭场异位发酵床建设	规定了处理鸭粪污异位发酵床建设技术规范的术语和定义、场地选择、床体建设、设施设备等要求

行业标准，同时要引导地方围绕粪肥还田量和粪肥养分监测等方面完善液体粪污处理利用标准体系。

（三）无害化处理类标准的主要作用

1. 助力提升农业面源污染防控水平

畜禽粪污无害化处理类标准的实施，首要目标是规范畜禽粪污无害化处理过程，防止粪污处理不当造成的二次污染。通过无害化处理类标准体系的完善和实施，推动规模养殖场依规依标建设畜禽粪污收集、储存和处理设施设备，提高畜禽粪污收集和处理能力，减少还田利用、达标排放、农田灌溉等过程造成的污染，促进畜禽粪污资源化利用水平不断提高。

2. 助力提高资源循环利用水平

畜禽粪污是一种宝贵的资源，含有大量的有机质和氮、磷等营养物质。通过标准的实施，畜禽粪污就地无害化处理、就近还田利用逐渐成为主要途径，广泛应用于果菜茶等经济作物。但由于部分养殖场粪污处理过程运行管理不规范，导致畜禽粪污处理效率不高，影响了资源价值的发挥。例如，沼气工程产气效率远低于发达国家水平，好氧堆肥和贮存发酵过程氮素损失较大。通过无害化处理类标准的制定和实施，推广先进适用资源化技术装备，可提高畜禽粪污收集和处理效率，将粪污转化为生物肥料或清洁能源，提升资源循环利用效率，提高循环链条经济效益。

3. 助力提高氨气和温室气体减控水平

在畜禽粪污收集、贮存和处理各个阶段，由于有机物的分解，会产生 NH_3 和 CH_4、N_2O 等温室气体。通过无害化处理类标准的制定和实施，可以引领指导规模养殖场根据实际情况合理选择畜禽粪污收集处理技术，如优化畜舍清粪技术，液体粪污采用覆盖贮存、酸化贮存、厌氧发酵技术，固体粪污采用密闭沤肥和密闭堆肥技术等,可大幅提高氨气和温室气体减控效果。同时,可以减少臭气对周边居民生活条件的影响,避免因为臭气问题造成的环保举报等问题,促进畜禽养殖业持续稳定发展。

4. 助力提高畜禽粪污处理过程安全防护水平

无害化处理类标准的实施对于降低人畜共患病风险,加强养殖人员安全防护具有重要作用。通过无害化处理类标准的制定和实施,可促进粪污收集、处理过程的设施配套和运行管理的规范化标准化。一方面,通过严格执行无害化处理技术要求,严格控制畜禽粪污中细菌、病毒、寄生虫等病原体的活性和浓度,可避免其在利用环节的传播风险。另一方面,通过规范安全生产管理要求,指导养殖场配套人身安全防护设备和消防设备,减少不当管理造成的人员伤亡和经济损失。

(四) 无害化处理类标准应用

1. 推动政策实施,引导行业高质量发展

标准可以为制定政策提供科学、合理、可行的依据,同时可以规范政策实施的过程,确保政策得到正确、有效地执行。《农业农村部办公厅 生态环境部办公厅关于进一步明确畜禽粪污还田利用要求强化养殖污染监管的通知》中,为畅通粪污还田利用渠道,打通粪污利用最后一公里,明确畜禽粪污的处理应根据排放去向或利用方式的不同执行相应的标准规范。对配套土地充足的养殖场(户),粪污经无害化处理后还田利用具体要求及限量应符合《畜禽粪便无害化处理技术规范》(GB/T 36195—2018)和《畜禽粪便还田技术规范》(GB/T 25246—2010),配套土地面积应达到《畜禽粪污土地承载力测算技术指南》要求的最小面积。对配套土地不足的养殖场(户),粪污经处理后向环境排放的,应符合《畜禽养殖业污染物排放标准》(GB

18596—2001）和地方有关排放标准。用于农田灌溉的，应符合《农田灌溉水质标准》（GB 5084—2021）。

2. 推动项目有序实施，引导行业主体规范生产

在畜禽粪污资源化利用相关项目设计实施过程中，有关部门根据《畜禽粪便无害化处理技术规范》（GB/T 36195—2018）、《畜禽养殖污水贮存设施设计要求》（GB/T 26624—2011）、《畜禽粪便贮存设施设计要求》（GB/T 27622—2011）、《畜禽养殖粪便堆肥处理与利用设备》（GB/T 28740—2012）、《户用沼气池设计规范》（GB/T 4750—2016）、《沼气工程技术规范》（NY/T 1220—2014）、《畜禽粪便堆肥技术规范》（NY/T 3442—2019）等相关技术标准，结合实际确定不同标准不同适用场景，最大限度降低粪污处理成本，提高畜禽粪肥还田的经济性。在畜禽粪污资源化利用设施建设的过程中，引导养殖场（户）参考《畜禽养殖粪便堆肥处理与利用设备》（GB/T 28740—2012）、《规模化畜禽养殖场沼气工程设备选型技术规范》（NY/T 2600—2014）、《畜禽养殖业污染治理工程技术规范》（HJ 497—2009）等相关设施设备标准，对粪污处理利用设施装备的类型、规格、规模进行选型，评估选择最经济适宜的设施装备；引导第三方社会化服务组织参考《畜禽粪污处理场建设标准》（NY/T 3023—2016）等相关标准，建设集中处理设施，优化种养主体对接机制，规范运行管理。如在实施畜禽粪污资源化利用整县推进项目过程中，各地充分运用堆肥、厌氧发酵、贮存发酵等畜禽粪污无害化技术标准，引导养殖场（户）规范化、标准化建设设施设备。

3. 推动科学生产，引导产业高效安全运行

围绕畜禽粪污处理设施设计、建设、运行、处置各个阶段的安全操作要点，聚焦防中毒、防缺氧、防淹溺、防火、防爆等关键安全要素，规范了畜禽粪污处理设施建设和生产运行措施，对保障粪污处理设施安全运行具有重要作用。如《畜禽养殖污水贮存设施设计方案》（GB/T 26624—2011）、《畜禽粪便贮存设施设计要求》（GB/T 27622—2011）对养殖场粪污贮存设施的围栏设置提出要求；《畜禽粪污处理场建设标准》（NY/T 3023—2016），对畜禽粪污处理场的安全性、安全制度建立等方面提出要求；《畜禽粪便固液分离机 质量评价技术规范》（NY/T 3119—2017），对畜禽粪便固液分离机的安全性提出要求；《密集养殖区畜禽粪便收集站建设技术规范》（NY/T 3670—2020），对密集养殖区畜禽粪便收集站运行过程中的安全性提出要求；《农村沼气安全处置技术规程》（NY/T 3897—2021），对农村沼气设施的安全处置提出详细的技术要求。现行标准中对沼气工程建设、运行、操作的要求比较系统，《沼气工程技术规范 第6部分：安全使用》（NY/T 1220.6—2014），专门对沼气工程安全使用提出了具体的技术要求；《沼气工程技术规范 第4部分：运行管理》（NY/T 1220.4—2019），对沼气设施运行的安全生产提出具体要求；《规模化畜禽养殖场沼气工程运行、维护及其安全技术规程》（NY/T 1221—2006），对规模养殖场沼气工程的安全操作提出具体要求；《沼气工程沼液沼渣后处理技术规范》（NY/T 2374—2013），对沼液沼渣的贮存设施安全性提出要求；《规模化畜禽养殖场沼气工程验收规范》（NY/T 2599—2014），对养殖场沼气工程建设中的基坑、膜式储气柜的安全性等提出明确要求，为沼气安全生产提供了明确指导。

（五）存在的问题

1. 现行标准与实际生产需求有差距

近年来，国家加快推进畜禽粪污资源化利用标准体系建设，推动重点标准研制，强化标准实施应用，畜禽粪污无害化处理类标准体系不断完善，但总体上看标准体系还不完善，重点标准仍有缺失。例如，固体粪污堆沤肥处理技术规范还未出台，液体粪污贮存发酵过程中降低养分损失的技术措施、减少有害气体排放的工艺参数等方面规范化水平还不高。异位发酵床技术推广较快，但尚无相关标准。一些当前应用推广较快的新兴技术，如酸化贮存等标准还缺乏。粪污无害化指标中大部分指标较为合理，但养殖企业普遍反映液体粪污处理大肠菌群数相关指标要求（10^4 个/升）较高，储存 6 个月的液体粪污中大肠菌群数通常为 $10^5 \sim 10^6$ 个/升，很难达到相关要求。此外，现行标准中安全生产生态环境保护等强制性条款分散于各个标准中，除沼气工程相关安全生产规定较为全面系统外，其他技术工程设施装备的安全环保等管理标准尚需完善。

2. 各标准内容存在交叉重复现象

现行无害化处理类标准数量较多，但标准内容和指标规划设计还需要进一步加强。如在液体粪污处理方面，厌氧发酵相关的设施设备建设、运行、管理，已形成了一套较为完整的标准，标准匹配衔接紧密，但一些标准中同类指标要求存在一定矛盾，《畜禽粪便无害化处理技术规范》和《粪便无害化卫生要求》中根据沼气发酵温度提出了不同的指标值，液体粪肥粪大肠菌群数在《沼肥》（NY/T 2596—2022）中的限量值为 10^5 个/千克（升），在《粪便无害化卫生》（GB 7959—2012）中，粪大肠菌群数限量值为 10^4 个/千克（升），影响了畜禽粪污无害化处理标准的执行。

3. 与国际标准接轨不足

欧美发达国家在畜禽粪污无害化处理管理方面起步较早、经验丰富，并建立了完善的制度体系和标准体系。欧美等发达国家以土地消纳养殖粪水为主，对粪水贮存技术、贮存时间、农田施用量、施用时间都有具体的规定。美国、日本对好氧堆肥建立了相关标准，侧重于粪污的养分管理和环境污染控制方面的质量标准，对过程控制方面的标准涉及较少。我国现行标准中，应用较多的堆肥、厌氧发酵等技术，较少采用国际标准，标准要求和指标与国际标准尚未接轨，不利于我国相关技术水平的提升，同时还没有畜禽粪污无害化国际标准，使得相关技术及装备难以在中国以外的地区推广应用。

三、无害化处理类重点标准

1. 畜禽粪便无害化处理技术规范

《畜禽粪便无害化处理技术规范》（GB/T 36195—2018）于2018年5月14日发布，2018年12月1日实施。

起草背景：畜禽粪便是一种重要的有机肥料资源，但如果处理不当，会造成环境污染和疾病传播。为了规范畜禽粪便的无害化处理，保护生态环境和人畜健康，制定了本标准。

适用对象：标准适用于畜禽养殖场所的粪便无害化处理，涵盖了各种畜禽粪便的处理方式，包括堆肥、沼气、发酵、干化、热解等。

主要内容：标准规定了畜禽粪便无害化处理的基本要求、粪便处理场选址及布局、粪便收集、贮存和运输、粪便处理及粪便处理后利用等内容，给出了各种粪便处理方式的技术参数、操作方法、质量控制、安全防护等具体内容。

关键要点：粪便无害化处理应符合国家相关法律法规和标准（表9和表10），遵循资源化、减量化、无害化的原则，实现粪便的高效利用和环境保护。

粪便处理场应选择合适的地点，避免影响周边环境和居民，合理布局各处理单元，保证处理过程的顺畅和安全。

粪便收集、贮存和运输应采用密闭或半密闭的方式，防止粪便的散失、渗漏和飞扬，减少异味和污染。

粪便处理应根据粪便的特性和目的，选择合适的处理方式，控制好处理过程的温度、湿度、通风、搅拌等条件，达到无害化的标准。

粪便处理后的产物应按照质量要求进行检测、分类、包装和储存，合理利用或销售，避免造成二次污染。

表9 固体畜禽粪便堆肥处理卫生学要求

项目	卫生学要求
蛔虫卵	死亡率≥95%
粪大肠菌群数	≤10^5 个/千克
苍蝇	堆体周围不应有活的蛆、蛹或新羽化的成蝇

表10 液体畜禽粪便厌氧处理卫生学要求

项目	卫生学要求
蛔虫卵	死亡率≥95%
钩虫卵	在使用粪液中不应检出活的钩虫卵
粪大肠菌群数	常温沼气发酵≤10^5 个/升，高温沼气发酵≤100 个/升
蚊子、苍蝇	粪液中不应有蚊蝇幼虫，池的周围不应有活的蛆、蛹或新羽化的成蝇

2. 畜禽粪便堆肥技术规范

《畜禽粪便堆肥技术规范》（NY/T 3442—2019）于2019年1月17日发布，2019年9月1日实施。

起草背景：我国是全世界最大的农业废弃物产生国，固体粪便主要通过堆肥技术进行无害化处理。好氧堆肥技术在国内众多有机肥企业中得到广泛应用，但大多企业都是凭经验生产，缺乏技术指导。经调研，养殖场粪便处理后达到有机肥料标准比较困难，而粪便经堆肥处理后可以直接还田利用。因此，针对畜禽粪便堆肥处理的技术标准，可用于指导粪便科学规范堆肥。

适用对象：本标准适用于规模化养殖场和集中处理中心的畜禽粪便及养殖垫料堆肥。

主要内容：本标准规定了畜禽粪便堆肥的场地要求、堆肥工艺、设施设备、质量评价和检测方法。场地要求包括满足畜禽养殖场总体布置及工艺要求，布置紧凑，方便施工和维护，设在场区主导风向的下风向或侧风向，与畜禽养殖场生产区相隔离，满足防疫要求等。堆肥工艺包括堆肥原料的选择、配比、预处理、堆积、发酵、翻堆、成熟、贮存等步骤。设施装备包括堆肥场地、堆肥桩、堆肥机、温度计、湿度计、pH计、氨气检测仪等。质量评价包括堆肥的理化性质、有机质含量、有机肥效价、有害物质限量等指标。检测方法包括堆肥的取样、制样、分析等。

关键要点：

①堆肥原料：堆肥原料应选择新鲜、干净、无异物的畜禽粪便及养殖垫料，如有必要，可添加适量的调节剂，如稻草、秸秆、锯末、腐殖质、微生物菌剂等，以调节堆肥的碳氮比、水分、pH值、通气性等。

②堆肥发酵：堆肥发酵是堆肥过程中最关键的环节，应控制好堆肥的温度、湿度、pH值、氧气等条件，以促进有益微生物的生长和有机物的分解，同时杀灭病原菌和杂草种子。堆肥发酵分为高温期、降温期和稳定期3个阶段，每个阶段的时间和条件不同，应根据堆肥的实际情况进行调整。

③堆肥翻堆：堆肥翻堆是堆肥过程中的重要操作，主要目的是改善堆肥的通气性，使堆肥内部温度、湿度、pH值等均匀分布，同时加速有机物的分解和成熟。堆肥翻堆的频率和时间应根

据堆肥的发酵情况确定，一般在高温期每3~5天翻1次，降温期每7~10天翻1次，稳定期每15~20天翻1次。

④堆肥成熟：堆肥成熟是堆肥过程中的最终目标，成熟的堆肥具有良好的肥效和安全性，可直接用于农林作物的生产。堆肥成熟的判断方法有感官观察法、温度法、碳氮比法、酶活性法、种子发芽法等，可综合运用多种方法进行评价（图6）。

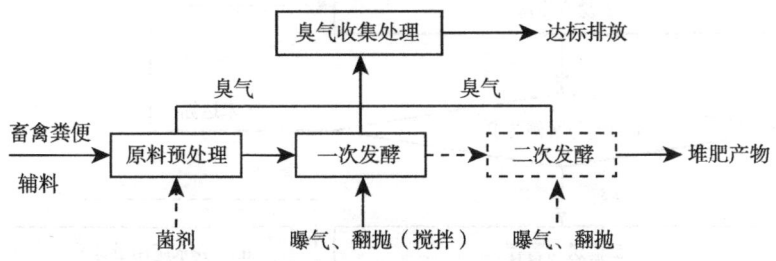

图6 畜禽粪便堆肥工艺流程

3. 畜禽粪水还田技术规程

《畜禽粪水还田技术规程》（NY/T 4046—2021）于2021年12月15日发布，2022年6月1日实施。

起草背景：畜禽粪污的资源化利用是推动农业可持续发展的重要措施。近年来，国家鼓励养殖场（户）采取畜禽粪肥还田等方式进行资源化利用，以减少环境污染并提高农业资源的循环利用效率。

适用对象：该规程适用于畜禽养殖场（户），特别是规模养殖场，需要对畜禽粪污进行科学处理和资源化利用的场合。旨在指导养殖场（户）合理、安全地将畜禽粪污还田，以实现环境保护和农业发展的双重目标。

主要内容：畜禽粪水还田技术规程包括了制定还田计划、收集、储存发酵、检测与安全要求、输送与暂存、农田施用的技要求和操作规程。规程确立了一套完整流程，确保畜禽粪水在还田过程中既安全又高效（图7）。

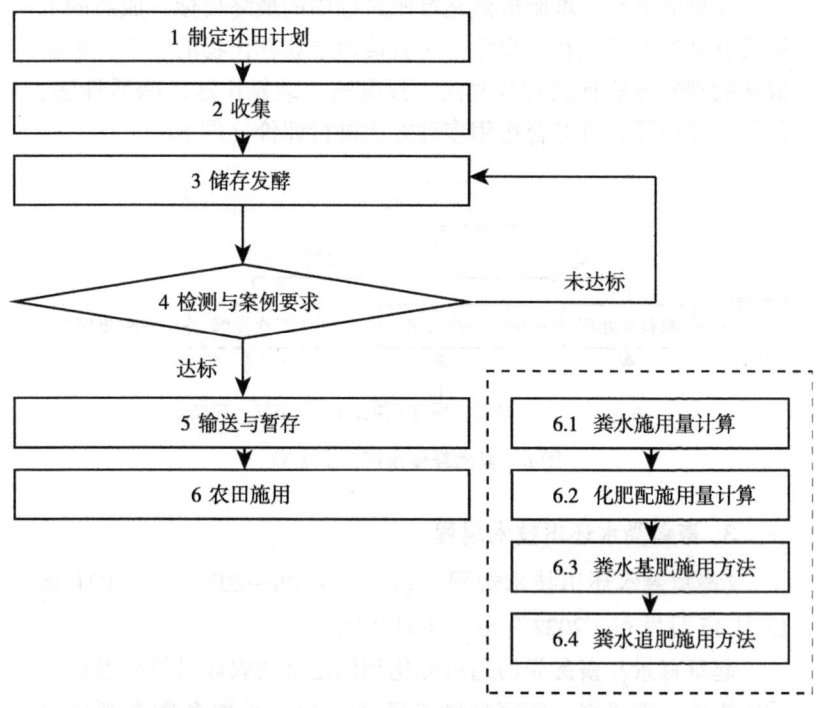

图7 粪水贮存实现无害化及还田操作程序

关键要点：养殖场（户）需要建设与养殖规模匹配的粪污无害化处理设施，并确保其正常运行。对于配套土地面积不足的养殖场（户），应委托第三方代为实现粪污资源化。规模养殖场应制定粪肥还田利用计划并建立台账，记录粪污处理量和粪肥施用情况，确保数据真实准确。农业农村部门应加强技术指导和服务，生态环境部门负责监督管理，确保畜禽粪污处理和利用符合国家和地方标准。

四、无害化处理类标准建设设想

(一) 尽快完善无害化指标要求

围绕畜禽粪污无害化处理关键环节，进一步系统梳理畜禽粪污无害化处理技术要求，提高无害化水平。加强液体粪污无害化指标限值研究，针对畜禽粪污特性、处理工艺和粪肥还田安全性等方面评估确定畜禽粪污无害化指标，统一要求标准，提高粪污无害化处理技术的可操作性和标准的易推广性。持续推动畜禽粪污处理技术和设施设备标准研究，提高无害化效果。完善不同类型粪污的无害化处理标准，研究抗生素、微塑料等新型污染物标准限值，提高疾病传播和污染物排放控制水平。

(二) 加快制定畜禽粪污处理设施装备标准

现有畜禽粪污无害化处理技术包括好氧堆肥、厌氧发酵和贮存发酵等工艺，设施装备种类繁多。针对不同粪污无害化处理技术，围绕技术、设计、建设、验收、管理等方面，对标准体系进一步完善，加快急需标准制修订。针对固体粪污处理，编制好氧堆肥混料系统、反应器堆肥等设备标准；针对液体粪污，编制贮存发酵技术及设施标准，编制异位发酵床技术标准，实现主流处理工艺设备的标准化和规范化。

(三) 推动畜禽粪污处理安全生产标准制定

畜禽粪污无害化处理是一项复杂的工作，对工作人员的专业技能和安全意识有较高要求。建议加快畜禽粪污处理安全生产通用性标准制定，针对畜禽粪污处理密闭环境要求、场区防护要求、易燃易爆气体控制要求、粪污二次污染控制要求等方面专门制定标准，为畜禽粪污处理安全生产提供保障。

（四）推进畜禽粪污处理标准与国际接轨

加强畜禽粪污无害化处理相关国际标准研究，吸取国外先进技术标准的技术指标和重要内容，推进国内外标准有效衔接，提高我国粪污无害化处理相关标准的水平与应用效能。积极参与国际标准制定相关活动，加强标准信息共享，拓展标准化交流合作，为推动粪污处理技术装备水平提升提供重要支撑，构建与国际接轨的粪污无害化处理标准体系。

根据我国畜禽粪污无害化处理现有标准，结合粪污处理实际需求，建议完善粪污无害化处理标准，加快制定粪污处理设施设备标准和安全生产标准。建议编制标准清单详见表11。

第二章 无害化处理类标准

表 11 畜禽粪污无害化处理类标准建议制修订列表

第一层级	第二层级	第三层级	标准号	标准名称	标准性质	目前状态	制修订建议内容
指标要求	无害化处理		GB/T 36195—2018	畜禽粪便无害化处理技术规范	推荐性	现行	修订液体粪污无害化要求及卫生学指标
			GB 7959—2012	粪便无害化卫生要求	强制性	现行	修订粪便无害化处理技术要求
			—	滚筒堆肥反应器	推荐性	已立项	制定滚筒堆肥反应器设备技术和工艺参数
			NY/T 1169—2006	畜禽场环境污染控制技术规范	推荐性	现行	修订补充恶臭污染控制参数与指标值
			—	畜禽粪污处理设施建设规范 第1部分:总则	推荐性	计划	制定畜禽粪污处理设施建设一般性要求
设施设备	处理设备		—	畜禽粪污处理设施建设技术规范 第4部分:堆沤肥设施	推荐性	计划	制定畜禽粪污堆沤处理设施建设技术要求
			—	畜禽粪污处理设施建设技术规范 第5部分:沼气发酵设施	推荐性	计划	制定畜禽粪污沼气发酵设施建设技术要求
			—	畜禽粪污处理设施建设技术规范 第6部分:厌氧贮存设施	推荐性	计划	制定畜禽粪污厌氧贮存设施建设技术要求

（续表）

第二层级	第三层级	标准号	标准名称	标准性质	目前状态	制修订建议或内容
设施设备	处理设备	—	畜禽粪污全量贮存设施设计要求	推荐性	计划	制定全量液体粪污贮存设施设计参数要求
		—	液体粪肥田间贮存设施设计要求	推荐性	计划	制定液体粪肥田间贮存设施设计参数要求
		—	粪水酸化贮存设施设计要求	推荐性	计划	制定粪水酸化贮存设施设计参数及材质要求
		NY/T 3023—2016	畜禽粪污处理场建设标准	推荐性	现行	修订畜禽粪污处理场建设要求
技术工艺	固体粪污处理	—	畜禽粪污固液分离设备作业技术规范	推荐性	计划	制定畜禽粪污固液分离设备技术参数要求
		—	粪便密闭式无害化处理操作技术规范	推荐性	计划	制定畜禽粪便密闭式无害化处理操作技术要求
		—	农业农村废弃物协同堆肥技术规程	推荐性	计划	制定农业农村废弃物协同堆肥技术参数要求
		—	畜禽粪污沤肥技术规范	推荐性	已立项	制定畜禽粪污堆沤处理技术要求
		—	畜禽粪污黑水虻养殖技术规范	推荐性	计划	制定畜禽粪污虻蚓养殖技术要求
		—	畜禽粪便垫料化用技术规范	推荐性	计划	制定畜禽粪便垫料化利用技术要求
		—	规模化养猪场类污高床发酵技术规程	推荐性	已立项	制定养猪场粪污高床发酵技术要求

第二章 无害化处理类标准

（续表）

第二层级	第三层级	标准号	标准名称	标准性质	目前状态	制修订建议或内容
技术工艺	液体粪污处理	—	畜禽粪水酸化贮存技术规程	推荐性	计划	制定粪水酸化处理技术要求
		—	猪场粪污栏下深坑贮存技术规范	推荐性	已立项	制定猪场粪污栏下深坑贮存技术参数要求
		—	畜禽养殖液体粪污深度处理技术规范 第1部分：总则	推荐性	计划	制定畜禽养殖液体粪污深度处理技术一般要求
		—	畜禽养殖液体粪污深度处理技术规范 第2部分：安全回用	推荐性	已立项	制定畜禽安全回用技术要求
		—	畜禽养殖液体粪污深度处理技术规范 第3部分：膜处理法	推荐性	计划	制定畜禽养殖液体粪污膜处理法深度处理技术要求
		—	畜禽养殖液体粪污深度处理技术规范 第4部分：膜生物处理法	推荐性	计划	制定畜禽养殖液体粪污膜生物法深度处理技术要求
		—	畜禽粪污异位发酵床处理技术规程	推荐性	已立项	制定畜禽异位发酵床处理技术要求
		—	畜禽粪水贮存技术规程	推荐性	计划	制定固液分离后粪水贮存技术要求

（续表）

第二层级	第三层级	标准号	标准名称	标准性质	目前状态	制修订建议或内容
		—	养殖密闭环境臭气控制技术规范	推荐性	计划	制定养殖密闭环境臭气控制技术参数要求
		—	粪污处理密闭环境有害气体控制要求	推荐性	计划	制定粪污处理密闭环境中氨气、甲烷等有害气体控制技术参数要求
	安全生产	—	养殖场消防设施设计规范	强制性	计划	制定养殖场消防设施安装位置及养护要求
		—	粪污贮存设施甲烷监测设备	推荐性	计划	制定粪污贮存设施中甲烷监测设备类型及技术要求

· 112 ·

第三章 畜禽粪肥还田类标准

畜禽粪肥还田利用是解决畜禽养殖环境问题的主要路径，也是破解农业面源污染难题、践行绿色发展理念的重要举措。党的十八大以来，党中央高度重视生态文明建设，先后出台了《关于促进畜禽粪污还田利用依法加强养殖污染治理的指导意见》（农办牧〔2019〕84号）、《关于进一步明确畜禽粪污还田利用要求强化养殖污染监管的通知》（农办牧〔2020〕23号），推进畜禽粪肥还田利用，推动我国畜牧业绿色发展迈上了新台阶，加快提高畜禽粪肥还田全过程、全要素的标准化、规范化、科学化水平，对促进畜牧业绿色发展、治理畜禽养殖污染、提升耕地质量具有重要意义。

一、畜禽粪肥还田现状

（一）畜禽粪肥定义及分类

根据《畜禽养殖环境与废弃物管理术语》（GB/T 25171—2023），畜禽粪肥的定义是以畜禽粪污为主要原料，经无害化处理腐熟后作为肥料使用。畜禽粪污经适当物理、化学、生物等无害化处理腐熟后，作为固态使用的肥料称为固体粪肥；畜禽粪污经适当物理、化学、生物等无害化处理腐熟后，作为液态使用的肥料称为液体粪肥。

(二) 畜禽粪肥还田制约因素

1. 布局选址不合理，种养链条难打通

因为历史原因，许多养殖场建设时期较早，存在区域选址不合理、场内布局不合理的情况，导致养殖场设施建设用地和消纳土地资源稀缺，打通种养循环链条的基础条件不足。区域畜禽养殖业发展规划不合理，畜禽粪肥还田台账不健全，规范管理难度大。畜禽粪肥土地承载力只按作物养分需求测算的原则性要求，缺乏生态环境承载力评估相关标准，导致无法从源头规范畜禽粪肥还田，种养循环链条的打通受到制约。

2. 粪肥成分复杂，还田前后期标准支撑不足

畜禽粪肥含有丰富的有机质和作物所需的各种营养元素，然而不同畜禽种类的粪肥成分复杂，还田前固体堆肥、液体贮存要求不一，整体粪肥质量参差不齐难以均质，影响还田效果。还田过程中，设施设备缺乏相关标准，粪肥无法实现精准还田、高效还田，人工投入大，接受程度低。还田后对环境影响评价标准较少，粪肥还田后氨气排放、地下水淋溶等监测标准暂缺，环保压力大。

3. 监管不到位，执法标准使用混乱

2019年11月29日生态环境部发布的《关于进一步做好当前生猪规模养殖环评管理相关工作的通知》（环办环评函〔2019〕872号）中指出，"粪污经过无害化处理用作肥料还田，符合法律法规以及国家和地方相关标准规范要求且不造成环境污染的，不属于排放污染物，不宜执行相关污染物排放标准和农田灌溉水质标准。"畜禽粪污经过无害化处理达到还田利用标准，施用于田间提升地力，是畜禽粪污资源属性的直接体现。然而，在执法过程中，一些地方对进行粪污资源化利用的养殖场提出严

苛要求，要求其液体粪污必须处理到《农田灌溉水质标准》所规定的相关指标要求，更有甚者要求养殖场待还田的液体粪肥相关指标达到《地表水环境质量标准》中的三类水标准，这些要求极大限制了畜禽粪肥还田利用，按照这类标准处理的畜禽粪污，粪污的资源属性被抹杀掉。

（三）畜禽粪肥还田管控历程

自古以来，畜禽粪肥是我国农业生产的主要有机肥源，粪肥还田利用将养分带回土壤，能够培肥土壤，改良地力，解决"用地养地"矛盾，减轻环境压力，种养结合、用地养地农业发展模式支撑了我国几千年的农业文明史。

1. 传统种养结合时期（20世纪70年代以前）

自夏商以来，至中华人民共和国成立初期再到改革开放前，绝大部分时期农业生产都采取种养结合的方式。早在西周时代，在农业生产中出现了撂荒休闲耕作制，是利用绿肥的一种主要形式，旨在恢复地力，增加土壤有机质。战国时期，我国确定了以农为主、农牧结合的小而全、自给自足的自然经济，农家种五谷、养六畜，从事多种经营；《荀子·富国》中记载"多粪肥田，是农夫众庶之事也"。汉代时期，人们对施肥有了进一步认识，畜牧业为种植业提供动力和肥料；《氾胜之书》中提到"田如无粪，二岁不起稼，则一岁休之"。北魏时期，人们在种、养的实践摸索中逐渐有了更高的改进；"踏肥法"就是其中一种，主要是秋收和秋耕后利用牲畜踩踏将碎乱谷草等作物残留物与牛粪收集在一起，成为优质农家肥。唐宋时期，人们在长期积造肥和施肥的实践中，通过合理施肥可以有效改良土壤，促进农作物生长；《农书粪田之宜篇》记载，要"别土之等差而用粪治之"，根据不同土质施用相应的肥料，达到了十分精细的程度。明清两代，人们对农家肥的应用更为普遍和成熟，《修齐直指》中就有

"农虽有法,非粪不茂""积粪胜于积金"等说法。中华人民共和国成立后,为尽快提高粮食生产效率,我国开始加大农业生产发展和恢复,鼓励家家户户发展畜牧为农业提供农家肥,开启积粪促生产的农牧结合;20世纪50—70年代,农作物肥料来源主要是以家畜粪尿为主的厩肥。

这个时期,我国以发展种植业为主,畜禽养殖量少,规模化程度低,种养关系紧密,该时期对粪肥还田的标准需求较小。

2. 种养分离时期(20世纪70年代末至2011年)

20世纪70年代末至80年代初,我国开启历史性的农村改革,全国范围内快速实施家庭联产承包责任制。畜牧业经营规模扩大和方式转变随即产生了大量粪污,处理难度也随之增大。在制度红利和技术进步的催生下,我国开始了向种养分离、高外部投入的现代农业转变,打破了传统生产方式下的农牧要素封闭循环圈,种养业养分循环的链条逐渐断裂。专业化导致种养业在生产环节的分离;改革开放以来,一大批有专长、有经营条件的畜禽饲养专业户涌现;与此同时,国家农业产业化政策和支持大型养殖企业发展的政策,使养殖与种植分离成两个主体,专业化养殖与小农户逐渐分割,切断了养殖与种植间的传统连接。

这个时期,我国畜禽养殖量逐渐增大、规模程度逐渐增加,畜禽污染问题逐渐凸显,我国制定了部分粪肥还田类相关标准,如《畜禽粪便还田技术规范》(GB/T 25246—2010)、《畜禽粪便监测技术规范》(GB/T 25169—2010)、《畜禽养殖污水采样技术规范》(GB/T 27522—2011)、《畜禽养殖业污染物排放标准》(GB 18596—2001)、《畜禽粪便安全使用准则》(NY/T 1334—2007)。

3. 新型种养结合时期(2012年至今)

2012年,生态文明建设纳入中国特色社会主义事业总体布局,我国农业现代化目标从过去单一的高产转变为"高产、优质、高效、生态、安全"的综合目标，对畜牧业发展转型提出新的要求，一系列促进种养业绿色发展的法律法规、规范性政策文件及行动举措陆续出台，对畜禽养殖污染防治做出了全面规定。农业农村部通过开展绿色种养循环农业试点工作，积极探索种养结合农业产业发展经验模式，推进畜禽养殖主体、种植主体之间的有效对接，实现畜禽养殖粪污就地消纳或异地利用，引导社会资本参与畜禽养殖污染治理和废弃物综合利用。在这一时期，绿色生态健康养殖成为重要的产业发展方向，大力推动种养结合、农牧循环，重新构建市场驱动下的新时期种养结合发展机制。

2012年以后，伴随着畜禽养殖污染问题，提出了一系列生态环境承载力标准、养殖粪污检测相关标准，如《畜禽粪便土地承载力测算方法》（NY/T 3877—2021）、《畜禽粪便安全还田施用量计算方法》（NY/T 3958—2021）、《沼肥》（NY/T 2596—2014）、《农用沼液》（GB/T 40750—2021）、《畜禽粪便无害化处理技术规范》（GB/T 36195—2018）等，广泛应用于规范畜禽粪污资源化利用。

二、畜禽粪肥还田类标准现状

（一）粪肥还田类标准框架

2021年10月，国家发展和改革委员会、农业农村部联合发布《"十四五"全国畜禽粪肥利用种养结合建设规划》，其中"粪肥还田利用标准体系建设"部分明确指出，一是要通过研发一批轻简化实用技术和设施装备，构建粪肥还田利用标准体系，制修订一批实用性强的技术标准；二是推进粪肥还田利用监测体系建设，提升粪肥和耕地质量监测服务能力、探索推行养分管理，提升粪肥还田利用支撑服务水平。2023年8月，国家标准化管理委员会、农业农村部、生态环境部联合发布的《关于推进畜禽粪污资源化利用标准体系建设的指导意见》，针对"粪肥利用标准"明确提出，要抓紧编制畜禽粪污还田有毒有害物质限量标准，研究制定畜禽粪肥安全评价方法，研究完善畜禽粪肥还田承载力测算相关标准，完善畜禽粪肥还田利用设施装备相关标准，加快推进固体粪肥、液体粪肥还田的操作技术标准制修订，分畜种、作物和地力开展粪污资源化利用标准研制。按照畜禽粪肥还田利用的技术路径，将标准类型依次划分为还田前（粪肥还田承载力测算和有害物质限量两类标准）、还田过程（粪肥还田利用操作技术和设施装备两类标准）、还田后（粪肥还田安全评价方法类标准）3个层次，如图8所示。

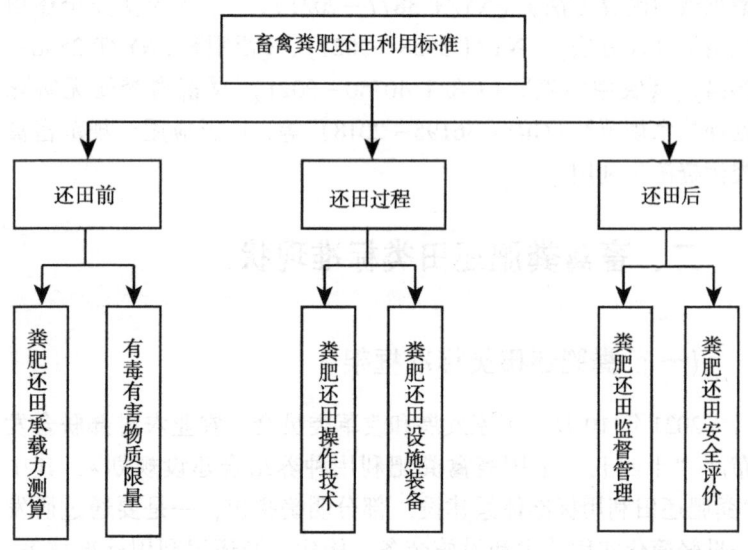

图8 畜禽粪肥利用标准体系框架

还田前范畴，粪肥还田承载力测算类标准，是在资源环境承载力（水体、土壤、大气、生物4个维度的粪肥养分和污染物最大承载容量测算方法和步骤）基线上的施肥决策步骤和做法；有毒有害物质限量要求类标准，包括碳氮磷钾营养物质；常规污染物（重金属、病原/致病微生物）、新污染物（抗生素、耐药基因、微塑料等）、其他（盐分）等物质的安全还田限值。还田过程范畴，粪肥还田操作技术类标准包括：施用时间、施用技术、施用量（粪肥、养分等）；设施装备类标准包括：田间无害化处理（贮存）设施及配套装备和还田施肥装备。还田后范畴，粪肥还田监督管理类标准主要是还田全过程台账记录管理；安全评价类标准主要是粪肥还田效果和环境风险评价方法。

（二）粪肥还田类标准基本情况

目前，我国与畜禽粪肥还田相关的现行标准共计42项，包括16项固体粪肥还田标准和26项液体粪肥还田标准，分别如表12和表13所示。其中，国家标准4项、行业标准7项、地方标准24项、团体标准2项、企业标准5项。

1. 固体粪肥还田类标准基本情况

相关固体粪肥还田类的技术标准共有16项，包括国家标准4项、行业标准6项、地方标准6项，主要集中在中东部地区。从时间分布上看，2007—2014年间的标准仅有4项，2014年以后的标准却有12项，对粪肥还田方面技术标准的需求显著增加。从标准类型上看，还田前围绕粪肥土地承载力测算和无害化指标限量要求的相关标准有4项，还田过程针对还田时间、还田方式和还田量及施用技术方面的相关标准有10项，还田后聚焦还田效果跟踪监测、风险评估及台账管理的有2项。从主要内容上看，相关土地承载力测算和粪肥无害化方面的技术标准有4项；

表 12 现行固体粪肥还田类相关标准

标准号	标准名称	发布年份	归口单位	主要内容
国家标准				
GB/T 23349—2020	肥料中砷、镉、铬、铅、汞含量的测定	2020	全国肥料和土壤调理剂标准化技术委员会	肥料中砷、镉、铬、铅、汞含量的测定方法
GB/T 25246—2024	畜禽粪肥还田技术规范	2024	农业农村部畜牧兽医局	畜禽粪肥还田量、还田时间和还田方式
GB/T 26622—2011	畜禽粪便农田利用环境影响评价准则	2011	全国畜牧业标准化技术委员会	畜禽粪便农田利用对环境影响的评价程序、方法及报告的编制
GB 38400—2019	肥料中有毒有害物质的限量要求	2019	工业和信息化部	肥料中有毒有害物质的限量要求、试验方法和检验规则
行业标准				
NY/T 1334—2007	畜禽粪便安全使用准则	2007	农业部	畜禽粪便安全使用的要求、采样及分析方法
NY/T 2065—2011	沼肥施用技术规范	2011	农业部科技教育司	沼气池制取沼肥的工艺条件、理化性状、主要污染物允许含量、综合利用技术与方法

(续表)

标准号	标准名称	发布年份	归口单位	主要内容
NY/T 3704—2020	果园有机肥施用技术指南	2020	农业农村部种植业管理司	果园有机肥种类及质量要求、施用原则、施用技术要求和南方果园绿肥种植及利用方式
NY/T 3832—2021	设施蔬菜施肥量控制技术指南	2021	农业农村部种植业管理司	设施蔬菜生产施肥量控制区域划分、施肥量控制技术与要求、肥料要求
NY/T 3877—2021	畜禽粪便土地承载力测算方法	2021	全国畜牧业标准化技术委员会	畜禽粪便土地承载力的测算原理、边界确定、信息收集和测算方法
NY/T 3958—2021	畜禽粪便安全还田施用量计算方法	2021	农业农村部科技教育司	根据作物养分需求量与农田土壤重金属负载容量计算农田施用区域畜禽粪便安全还田施用量的方法

地方标准

标准号	标准名称	发布年份	归口单位	主要内容
DB 11/T 1870—2021	畜禽养殖粪肥还田利用技术规范	2021	北京市农业农村局	畜禽粪便的收集与储运、无害化处理、施用方法、最小还田面积、施用量与记录等要求
DB 31/T 1137—2019	畜禽粪便生态还田技术规范	2019	上海市畜牧标准化委员会	规模化畜禽养殖场废弃物资源化利用过程中农田面积配套、固体粪肥和液肥还田预处理、储存、运输和施用等污染防治的基本技术要求

(续表)

标准号	标准名称	发布年份	归口单位	主要内容
DB 51/T 1493—2021	农区耕地畜禽承载力评估技术规程	2021	四川省农业农村厅	农区耕地畜禽承载力评估技术中猪单位氮(磷)排泄当量的确定、农作物氮(磷)养分需要量估算、耕地畜禽承载力估算方式
DB 35/T 2114—2023	畜禽粪污处理和粪肥利用台账要求	2023	福建省农业农村厅	畜禽粪污处理和粪肥利用台账记录要求和保存要求
DB 43/T 2220—2021	规模养殖场固体粪污污染防治与肥料化利用技术规范	2021	湖南省农业农村厅	规模养殖场固体粪污污染防治与肥料化利用的场区建设,固体粪污产生量与控制,固体粪污收集、贮存和运输,固体粪污堆肥及粪污还田利用等方法与要求
DB 65/T 3626—2014	加工番茄沼肥施用技术规程	2014	新疆维吾尔自治区农业厅	加工番茄沼肥施用的术语和定义、沼肥的制备与预处理、沼肥在加工番茄上的施用技术要求

大多集中在还田利用技术措施方面的标准共有 10 项，侧重于针对还田前的收贮运和还田过程的施用方式提出要求，以及明确如何防治粪污污染的对策；相关环境影响评价和台账要求方面的标准有 2 项。从标准适用对象上看，主要是面向大田作物、果园和设施蔬菜 3 类。

2. 液体粪肥还田类标准基本情况

相关液体粪肥还田类的标准共有 26 项，包括行业标准 1 项、地方标准 18 项、团体标准 2 项、企业标准 5 项，其中地方标准以山西省和天津市两地的标准最多，分别有 10 项和 4 项，说明华北地区对液体粪肥还田方面的标准需求最强，尤其是奶牛场和猪场的肥水或沼液。从时间分布上看，26 项液体粪肥还田类标准中，2020 年以前的标准仅有 2 项，有 24 项集中在近 4 年中制修订，反映了各地对液体粪肥还田相关标准的技术需求十分强烈，同 2021 年从国家层面启动的绿色种养循环农业试点项目的启动和实施紧密关联。从标准类型上看，针对还田前土地承载力测算方面的标准有 1 项，其他 25 项均是面向还田过程作为养分还田利用或作为水分灌溉方面的技术或设备类标准，其中分畜种制定的标准有 13 项，分作物制定的标准有 12 项；还田后效果跟踪监测、风险评估及档案管理等的相关要求多体现在天津、黑龙江等地的标准中。从主要内容上看，土地承载力测算方面的技术标准有 1 项，作物施用粪肥方面的标准有 2 项，液体粪肥还田施用技术方面的标准有 22 项，施肥设备相关的技术标准有 1 项团体标准，针对还田前的收贮运方式和发酵方式、还田施用方式和系统提出要求，以及明确如何做到水污染防治的对策。还田对象主要包括大田作物、果园和设施蔬菜 3 类，液体粪肥形态包括经过无害化处理后的粪水和沼液。

表 13 现行液体粪肥还田类相关标准列表

标准号	标准名称	发布年份	归口单位	主要内容
行业标准				
NY/T 4046—2021	畜禽粪水还田技术规程	2021	农业农村部畜牧兽医局	畜禽粪水还田程序,包括还田计划、收集、储存发酵、粪水还田设备、检测与安全要求、输送与暂存、农田施用的技术要求和操作规程
地方标准				
DB 14/T 2026—2020	规模猪场粪水还田技术规程	2020	山西省农业标准化技术委员会	规模猪场粪水还田技术的基本要求、设施设备、粪水处理、粪肥全量还田、过程记录等
DB 22/T 3134—2020	北方畜禽养殖污水还田技术规范	2020	吉林省畜牧业管理局	北方畜禽养殖污水还田的技术要求、采样及分析方法
DB 23/T 3537—2023	囊式发酵牛粪污合还田碳中和技术规程	2023	黑龙江省农业农村厅	囊式发酵牛粪污与玉米秸秆耦合还田技术的环境条件、囊式发酵牛粪污制备、囊式发酵牛粪污的施用、生产档案
DB 34/T 4128—2022	规模奶牛养殖场粪肥还田技术推广规范	2022	安徽省畜牧技术推广总站	规模奶牛场粪污经厌氧发酵腐熟处理的粪肥的理化性状、主要污染物限量、粪肥施用
DB 2302/T 302—2023	奶牛场污水肥料化还田技术规程	2023	齐齐哈尔市农业农村局	奶牛场污水的肥料化处理、还田施用、注意事项及档案管理

(续表)

标准号	标准名称	发布年份	归口单位	主要内容
DB 35/T 2078—2022	沼液还田土地承载力测算技术规范	2022	福建省农业农村厅	沼液还田施用量测算、施用要求
DB 12/T 1026—2020	奶牛养殖场肥水农田施用 苜蓿	2020	天津市农业农村委员会	奶牛养殖场肥水农田施用苜蓿农田的基本要求、施用系统、农田施用和风险控制
DB 12/T 1027—2020	奶牛养殖场肥水农田施用 燕麦	2020	天津市农业农村委员会	奶牛养殖场肥水农田施用燕麦农田的基本要求、施用系统、农田施用和风险控制
DB 12/T 1028—2020	奶牛养殖场肥水农田施用 青贮玉米	2020	天津市市场监督管理委员会	奶牛养殖场肥水农田施用青贮玉米农田的基本要求、施用系统、农田施用和风险控制
DB 12/T 787—2018	奶牛养殖场肥水农田施用 冬小麦	2018	天津市畜牧兽医局	奶牛养殖场肥水农田施用的术语和定义、施用方式、施用系统、奶牛养殖场肥水水质要求、施用制度和风险控制
DB 33/T 2376—2021	沼液施用与生态消纳技术规范	2021	浙江省农业农村厅	沼液的农田施用的通用要求及其在农作物上施用的生态消纳方法
DB 42/T 1664.2—2023	利用沼液种植莲藕 第2部分：沼液种植莲藕技术规程	2023	湖北省农业农村厅	沼液种植莲藕（子莲）技术要求、沼液种植莲藕（子莲）田间管理要点

（续表）

标准号	标准名称	发布年份	归口单位	主要内容
DB 42/T 1664.1—2021	利用沼液种植 第1部分：沼液种植水稻技术规程	2021	湖北省农业农村厅	利用沼液种植水稻过程中，沼液施用质量要求、沼液种植水稻施肥要求、沼液种植水稻田间操作要点
DB 43/T 2602—2023	规模养殖场液体粪污肥料化利用技术规范	2023	湖南省农业农村厅	规模养殖场液体粪污的产生量估算，液区建设，液体粪污的减量化要求，液体粪污的收集、贮存和运输，液体粪污处理以及液体粪肥还田利用等方法与要求
DB 14/T 2026—2020	规模猪场粪水还田技术规程	2020	山西省农业标准化技术委员会	规模猪场粪水还田技术的基本要求、设施设备、粪水处理、粪肥要求
DB 14/T 2017—2020	果园施用畜禽粪污沼液技术规程	2020	山西省农业标准化技术委员会	果园施用畜禽粪污沼液技术规程的沼液、施用要求、施用方法、生产记录
DB 14/T 2037—2020	设施蔬菜畜禽粪污沼渣沼液施用技术规程	2020	山西省农业标准化技术委员会	设施蔬菜畜禽粪污沼渣、沼液施用定义，沼渣沼液、施用要求、施用方法、生产记录
DB 14/T 2037—2020	禾谷作物畜禽粪污沼液技术规程	2020	山西省农业标准化技术委员会	禾谷作物施用畜禽粪污沼液的沼液、施用要求、生产记录

(续表)

标准号	标准名称	发布年份	归口单位	主要内容
T/NAASS 039—2022	宁夏规模奶牛场粪水处理还田利用技术规程	2022	宁夏回族自治区农学会	规模奶牛场粪水处理还田利用的基本要求、收集与运输、预处理、无害化处理、贮存要求、检测与安全、还田等
T/JCMS 0010—2023	粪水还田用拖拽软管	2023	江苏省复合材料学会	粪水还田用拖拽软管的材料和结构、要求、检验方法、检验规则、标志、包装、贮存
Q/140700DTY001—2021	规模化猪场肥水还田技术规程 春玉米	2021	山西得天缘农业科技开发有限公司	规模化猪场肥水还田春玉米的技术内容和风险控制
Q/140700DTY002—2021	规模化猪场肥水还田系列技术规程 谷子	2021	山西得天缘农业科技开发有限公司	规模化猪场肥水还田谷子的技术内容和风险控制
Q/140700DTY003—2021	规模化猪场肥水还田系列技术规程 核桃	2021	山西得天缘农业科技开发有限公司	规模化猪场肥水还田核桃的技术内容和风险控制
Q/140700DTY004—2021	规模化猪场肥水还田系列技术规程 红枣	2021	山西得天缘农业科技开发有限公司	规模化猪场肥水还田红枣的技术内容和风险控制
Q/140700DTY005—2021	规模化猪场肥水还田系列技术规程 苹果	2021	山西得天缘农业科技开发有限公司	规模化猪场肥水还田苹果的技术内容和风险控制

(三)粪肥还田类标准的主要作用

1. 提高粪污资源化利用水平

畜禽粪肥还田可提高土壤有机质含量,改善土壤物理化学性质,有助于作物产量的提高。有研究表明,畜禽粪肥部分替代化学氮肥施用后,能将我国三大主粮作物的平均产量提高6.8%,将作物的氮素吸收量提高6.5%,氮肥利用率提高10.4%。由于区域种养殖布局不合理,多数规模养殖场周边没有足够土地进行粪肥还田。目前,粪肥还田技术参数不完善,粪肥还田施用主要靠经验,粪肥和化肥的配比不合理,还田时间和还田量不科学,导致粪肥中的养分未被有效利用、粪肥还田效果不理想。通过区域种养结合方案设计标准、粪肥还田技术标准的优化,可有效保障粪肥有田可还,还之有效,全面提高粪肥还田利用率。

2. 促进生态环境保护

随着畜牧养殖产业结构的调整,养殖规模不断扩大,养殖数量增多,在养殖的过程中会产生大量的粪污,这些粪污中不仅含有大量的氮、磷营养物质,还含有重金属、抗生素等污染物,粪肥还田不合理会造成环境污染,甚至影响卫生安全。美国基于养分平衡指导粪肥还田利用,同时对还田时间和还田区域都有明确规定,以避免粪肥还田过程造成环境污染,然而我国这些方面的标准体系还较为缺乏。通过相关还田标准体系的建立,科学规范还田过程参数和粪肥中有害物质还田限量,协调推进粪肥资源化利用与生态环境保护。

3. 规范粪肥还田利用管理

粪肥还田利用涉及环节较多,包括了收集、储存、处理、转运到利用,时间跨度也较大,存在一定的环保和生态风险。通过标准对粪肥还田全过程进行标准化规范要求，建立完善的粪污还田管理制度，以土地承载力为基础，制定综合养分管理计划，督促指导规模养殖场制定畜禽粪肥还田利用计划。根据养殖规模明确配套农田面积、农田类型、种植制度、粪肥施用时期及施用量等。以规模养殖场为重点，推动建立畜禽粪污处理和粪肥利用台账，明确粪污去向，规范使用管理，避免施用超量或时间不合理。指导生产经营主体提高守法意识和标准意识，在生产活动中将标准作为畜禽粪污处理和粪肥还田利用的基本依据，严格执行强制性标准，确保畜禽粪肥还田的安全性和科学性。同时标准可作为地方进行粪肥还田过程监督执法的重要依据，让监管过程有法可依，有章可循，支撑建立完善的监督管理体系，实现粪肥资源化利用与生态环境保护协调发展。

(四) 粪肥还田类标准应用

1. 应用的主要环节

近年来，国家高度重视养殖粪污资源化利用工作，提出全面推进畜禽养殖废弃物资源化利用，加快构建种养结合、农牧循环的可持续发展新格局，为推进畜禽粪肥还田利用提供了根本遵循和目标要求。农业农村部与生态环境部要求把畜禽粪肥作为替代化肥的重要肥料来源，着力扩大堆肥、液态粪肥利用，同时明确还田利用标准规范，强化粪污还田利用过程监管。畜禽粪肥还田类标准主要运用在以下环节（图9）。

承载能力评价环节是在畜禽粪肥还田的场景下，根据一定区域内的不同作物种植现状、不同畜禽养殖及粪污处理现状，基于畜禽粪污养分供给和植物氮养分需求进行测算，判断区域内畜禽粪肥还田对土地环境影响的一种方法。现行的畜禽粪肥还田类标准中关于承载能力评价的标准共有4项，其中畜禽粪肥承载能力评价3项 NY/T 3877—2021、DB35/T 2078—2022、DB15/T

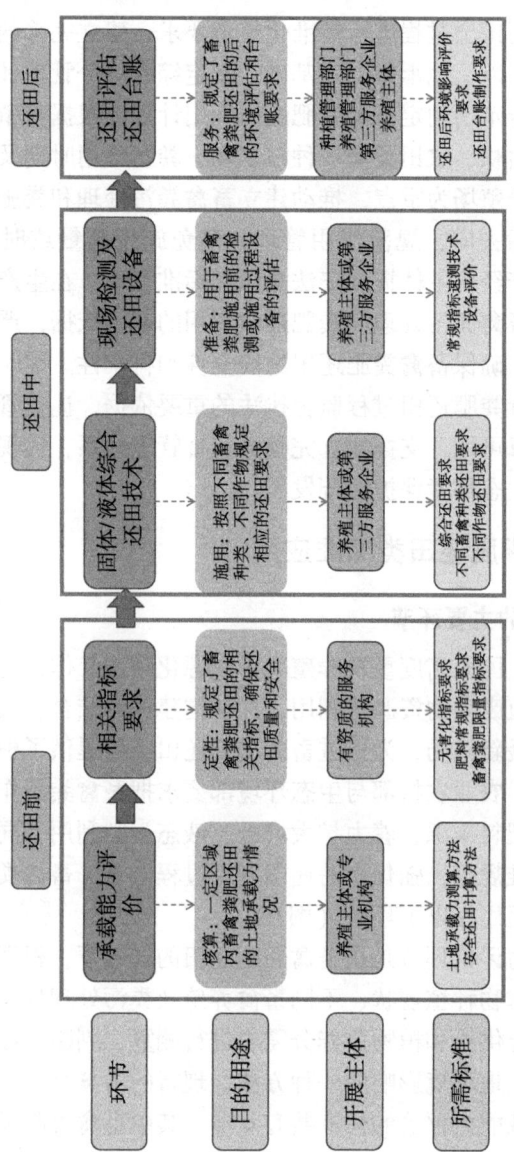

图9 畜禽粪肥还田类标准主要运用环节

1493—2021，畜禽粪便安全还田施用量计算 1 项 NY/T 3958—2021。

相关指标要求环节是在畜禽粪肥还田时，针对畜禽粪肥中的相关无害化指标、有毒有害指标进行含量上的确定和限制，并提供一定的检测方法用于核验的环节，相关标准共有 5 项。其中无害化指标要求有 1 项 NY/T 1334—2007，有毒有害指标要求有 2 项 GB 38400—2019、DB12/T 956—2020，限量指标要求有 1 项 GB/T 23349—2020，其他指标有 1 项 DB12/T 952—2020。

固体/液体综合还田技术环节是指在不同场景和条件下，固体/液体粪肥施用还田的相关技术要求，总体上可以分为综合还田要求、不同畜种固体/液体还田要求、不同作物畜禽粪肥还田要求三大类，相关标准共有 39 项。对于畜禽粪肥综合还田要求，主要是对畜禽粪肥还田进行概括性的规定和要求，固体类粪肥综合还田要求共 5 项，包括 GB/T 25246—2010、DB11/T 1870—2021、DB43/T 2220—2021、DB31/T 1137—2019、DB42/T 2031—2023 等一系列标准，液体类粪肥综合还田要求共 7 项，包括 GB/T 40750—2021、NY/T 2065—2011、NY/T 2596—2014、NY/T 4046—2021、DB43/T 2602—2023、DB22/T 3134—2020、DB33/T 2376—2021 一系列标准。不同畜种固体/液体还田要求是指针对不同畜禽种类（主要为生猪、奶牛）的粪肥还田要求，其中固体部分共 5 项，包括 DB34/T 4128—2022、DB34/T 4129—2022、DB23/T 3537—2023、DB32/T 4572—2023、DB61/T 1372—2020；液体部分共 5 项，包括 DB2302/T 032—2023、DB14/T 2026—2020、DB12/T 540—2014、TNAASS039—2022、T/DALN 008—2019。不同作物畜禽粪肥还田要求是针对不同作物对畜禽粪污的承载能力做出的规定和要求，包括了番茄 DB65/T 3626—2014、水稻 DB42/T 1664.1—2021、莲藕 DB42/T 1664.2—2021、果园 DB 14/T 2017—2020、冬小麦 DB12/T

787—2018、设施蔬菜 DB12/T 844—2018 等 11 项地方标准、1 项团体标准和 5 项企业标准。

还田评估及还田台账管理要求环节是指在畜禽粪肥还田过程中，对粪肥来源、运输情况、还田位置、还田量、还田业主等一系列用于追溯还田过程的档案进行规范性要求的环节，目前有相关标准 DB36/T 1546—2021 和 DB 35/T 21142。

2. 实践应用

(1) 在土地承载能力评价方面的应用

"以地定养、以养促种"是畜禽粪肥还田的核心原则，在正式实施畜禽粪肥还田前对区域内的土地承载能力和使用方法进行初步的核算，避免过量养殖导致无地可还的情况。现行的畜禽粪肥还田类标准中关于承载能力评价的标准共有 4 项，其中行业标准 2 项、地方标准 2 项，均为推荐标准。其中，《畜禽粪便土地承载力测算方法》（NY/T 3877—2021）源自农业部办公厅关于印发《畜禽粪污土地承载力测算技术指南》的通知（农办牧〔2018〕1 号），该标准的应用对象主要是政府部门，主要应用范围是提供区域土地承载力的核算，标准中规定了区域畜禽粪便土地承载力测算的具体方法，并公布了主要不同作物形成 100 千克产量需要吸收氮磷量推荐值、不同畜禽氮磷排泄量推荐值、以氮（磷）为基础的单位面积畜禽粪便土地承载力推荐值等一系列关键参数，在一定程度上解决了各地区畜禽粪便土地承载能力不明的问题，是目前核算区域畜禽粪便土地承载力的主要标准。同年，《畜禽粪便安全还田施用量计算方法》（NY/T 3958—2021）发布，该标准主要应用对象是种养结合的主体，主要应用范围是粪肥还田区域，其在《畜禽粪便土地承载力测算方法》的基础上，根据区域作物养分需求量计算畜禽粪便最大年施用量，为具体操作中亩均畜禽粪便用量的计算提供了计算方法。其他两项地方标准《沼液还田土地承载力测算技术规范》（DB35/

T 2078—2022）、《农区耕地畜禽承载力评估技术规程》（DB15/T 1493—2021）均是在2项行业标准的基础上，根据当地的实际情况进行的微调和变化。

（2）对不同作物施用方式的实践指导

现阶段应用的畜禽粪肥还田标准中最多的就是针对不同作物施用方式的指导。其中，《果园有机肥施用技术指南》（NY/T 3704—2020）对在果园中如何使用农家肥、商品有机肥和生物有机肥制定了因树施用、因土壤施用、因气候施用、有机无机相结合、长期施用、安全施用六大原则，并对施用时期、施用方法、施用数量等进行相应的规定，如要求了沼液施用的最大限量按不产生二次污染的最低限值进行测算，不与草木灰、石灰等碱性肥料混合施用。《加工番茄沼肥施用技术规程》（DB 65/T 3626—2014）对新疆地区加工番茄的沼肥施用提出了相应的要求。山西省针对果园、设施蔬菜、禾谷作物的粪肥还田分别提出了要求。天津市则针对苜蓿、燕麦、青贮玉米、冬小麦等奶牛牧草类作物和粮食作物制定奶牛肥水还田标准，并对不同作物粪肥还田前的肥水氮、磷浓度进行了要求，如燕麦要求肥水施用前应满足总氮浓度大于100毫克/升、铵态氮浓度大于80毫克/升、总磷浓度大于30毫克/升；冬小麦要求肥水施用前应满足总氮质量浓度80~150毫克/升、铵态氮质量浓度50~100毫克/升、硝态氮质量浓度小于10毫克/升、总磷质量浓度25~35毫克/升。湖北省依据地区种植情况制定了水稻、莲藕沼液施用技术规程，指导当地农民实践。除了地方标准外，从事种养结合的农业公司也纷纷制定自己的企业标准，分别针对猪场粪肥施用于春玉米、谷子、核桃、红枣、苹果等作物制定了相关还田技术标准，有力支撑了企业的粪肥还田工作。

（3）对粪肥还田装备的要求

现阶段，粪肥还田标准体系中针对粪肥还田装备的标准偏少,目前仅有3项,包括车辆DB23/T 2345—2019、固液分离机DB32/T 2146—2012、还田管道T/JCMS 0010。其中,《畜禽粪便处理机 质量评价技术规范》(DB32/T 2146—2012)主要针对畜禽粪便固液分离机的基本要求、试验方法、检验规则、标志、运输和贮存等内容进行规定,关键指标为处理后的物料含水率≤40%,工作过程中不得漏液,单位功率生产效率牛粪水≥1立方米/(千瓦·时),猪粪水≥1.5立方米/(千瓦·时),鸡粪水≥0.7立方米/(千瓦·时),同时规定了装配及外观质量、性能检测、不合格分类等一系列评价体系。《厩肥抛撒机作业质量评价规范》(DB23/T 2345—2019)则主要针对粪肥田间施肥机进行相应要求,包括施肥机的安全防护、安全信息、安全性能、作业质量要求等,同时规范了田间施肥机的性能测试方法和施肥均匀性变异系数计算方法。两项标准分别在粪肥还田前处理、粪肥还田撒施两个方面提供了技术支撑,有效提高了粪肥还田效率,减少了粪肥还田过程中的环境风险。

(五)粪肥还田类标准存在的问题

1. 粪肥还田类标准体系不完善

虽然目前初步搭建了粪肥还田类标准框架,但与实际需求相比,仍存在不小差距。首先,粪肥还田类关键标准缺失,大部分标准集中在固体/液体粪肥还田施用的技术要求,对设施设备、还田效果评价等关注不够,部分评价标准尚未编制,无法指导粪肥还田工作落地。一些标准制定发布时间较早,不符合现阶段畜牧业发展现状,仍尚未修订。最后,部分标准指标要求、执行标准和检测方法等不一致,如固体和液体粪便中粪大肠杆菌的评价指标不一致,其对应的检测方法也不一致,无法做到协调统一。

2. 粪肥还田类标准推广难

一是宣传普及力度不够。标准发布后宣贯手段单一,宣传范围有限,未充分利用报纸、电视、广播、互联网等媒体资源扩大生产者知悉范围;宣传频次较低,未有计划地组织开展高频次宣传推广;宣传深度不够,尚未将标准内容与生产实践紧密连接起来,不能有效指导养殖和种植主体将标准落地生产。二是适用范围需细化。我国不同地区地形地貌、气候特征差异较大,各地区粪肥还田有本地化需求差异,以《沼肥使用技术规范》(NY/T 2065—2011)为例,东北、西北、南方等区域,不同类型、不同肥力地块的作物养分需求差异极大,导致标准推广应用出现了困难。不少标准涉及指标检测,多数养殖主体不愿意也无力承担指标检测费用,导致相关标准在推广应用过程中难度较大。三是执行力度不够。首先还田机具缺乏,市场上仅有少量专用于粪肥还田的设施设备,大部分设备存在适用性不足、低效的情况;其次还田施用不当,农户在粪肥还田时往往依赖经验,缺乏科学的还田规划和用量控制,不能实现精准还田、科学还田;另外产业体系内对粪肥还田的环境污染风险关注度不足,对粪肥还田的盐分积累、氮磷流失、地下淋溶、氨排放、抗生素风险等关注度不高,不能形成合力;还有管控不足,各地区、各部门对粪肥还田的理解不统一,应用的标准不一致,管理部门与生产经营主体缺乏有效沟通,导致粪肥还田标准执行难。

3. 与国际标准接轨不足

欧美发达国家在粪肥还田相关标准制定方面起步较早,相应的规范也较完整。如美国为实现农业生产与环境保护的平衡,针对畜禽养殖场所制定综合养分管理计划(Comprehensive Nutrient Management Plan,CNMP),主要包括规划粪便及污水预处理及储存方案、制定田间措施(识别潜在的氮、磷流失具体地点,定位土壤易被侵蚀、流失的具体地址,标识出对养分敏感的区域等)、制定养分管理计划(确定粪肥等肥料的施用时间、施用量、施用方式等)等内容。

欧盟针对粪污从养殖场到粪污处理到粪肥还田，制定了系列标准。将粪水管控定义为"贯穿粪水收集、处理、储存及分配的完整过程，兼顾实现农业生产、环境保护、社会效应的综合目标"。其中，农业生产目标包括氮、磷、钾、有机质等养分的可持续利用，环境保护目标即控制并减少温室气体、恶臭等有害气体排放，社会效应目标包括保障人畜安全以及生鲜乳安全；做到种养全程资源可持续利用和环境友好，从而保障人畜健康、提升动物福利、生产优质畜产品。欧洲各国针对集约化养殖的粪污问题，出台了反污染相关法律法规。如荷兰，养分管理的核心是粪污处理，重点目标是进行粪污农田利用，将农业中氮、磷元素对环境的排放降至可接受水平。此外，欧盟发布了硝酸盐指令，要求所使用粪肥中的氮肥总量需要与农作物生长所需的氮肥量一致。在此基础上，丹麦提出"和谐原则"，规定每公顷土地中施用粪肥中氮的总量不能超过170千克，并提出了"动物单位"的概念，规定1个动物单位等于100千克粪肥中的氮。整体来看，欧美等发达国家在农牧结合、种养平衡方面积聚了丰富的理论和实践经验，从基础理念上将动物粪尿从废弃物变为有价值的肥料，以养分损失最小化和经济效益最大化为根本出发点，在畜舍粪水收储运、场区粪污贮存、田间施肥方式等各环节制定环环相扣的疏堵措施。在粪肥还田最终利用环节，辅以具体污染物指标并提出限值。

我国在粪污处理、粪便储存、还田利用、污染物管控等方面均制定了一系列标准规范，与国际有不同程度的衔接。《畜禽粪污土地承载力测算技术指南》提出的"区域畜禽粪污土地承载力"，与美国CNMP中"农田利用面积"以及欧盟《硝酸盐指令》中"单位耕地畜禽承载量"在理念上较为相似。但由于我国与国外农业现状不同，故在细节上又有诸多差别。如美国农场多为私有，农田面积较大，畜禽养殖场一般采用全量还田模式，粪水混合贮存后直接进行农田利用，因此形成了适用于自身的

CNMP，要求大规模养殖场必须制定养分管理计划，明确粪污产生量、贮存方式和容积、农田利用面积和施肥方式，定期对粪便和土壤进行检测，并向管理部门提交年度报告。欧盟的《硝酸盐指令》则需要欧盟各国根据自身情况制定单位耕地的畜禽承载量，严格限定粪便施肥时间、施用方法和施肥量，并记录粪便农田利用台账。我国提出的"单位猪当量粪肥养分供给量"在"动物单位"的基础上同时兼顾到了磷含量，可以说又有发展。然而，相对于国外，我国相应标准也有不足之处。主要体现在三方面，一是我国部分现行标准发行时间过早，如《畜禽粪便还田技术规范》(GB/T 25246—2010)发布于 2010 年，因此我国各地相关标准多为地方标准，对比适用于欧盟的硝酸盐指令以及美国的 CNMP，其适用范围相对较窄，亟须最新的标准来规范。二是我国现行标准指标不够全面，如北京市 2021 年发布的《畜禽养殖粪肥还田利用技术规范》，规定了最小还田面积、施用量等参数，但未严格限制施用时间。三是田间措施不够完备，多数粪肥还田相关规范中，均未分析还田地块现有的养分状况，也未体现环境敏感区域的相关内容。综上所述，与国外相应标准相比，我国粪肥还田相关标准在很大程度上已与其进行了很好的衔接，并在此基础上结合我国国情进行了一定程度的发展，但仍有不足之处需要完善。

三、畜禽粪肥还田类重点标准

（一）《畜禽粪肥还田技术规范》(GB/T 25246—2025)

1. 标准的起草背景

随着养殖规模化程度不断提高，畜禽养殖粪污产生量相对集中,粪污环境污染问题日益突出。2013年11月国务院发布了《畜禽规模养殖污染防治条例》,改变了畜禽养殖污染防治监管无法可依的现状。2015年4月16日国务院印发《水污染防治行动计划》,强调防治畜禽养殖污染。2016年5月28日国务院印发《土壤污染防治行动计划》提出,加强畜禽粪便综合利用,在部分生猪大县开展种养业有机结合、循环发展试点。为了指导各地加快推进畜禽粪污资源化利用,促进农牧结合、种养循环农业发展,2018年农业农村部公布了《畜禽粪污土地承载力测算技术指南》(农办牧〔2018〕1号)。为深化种养结合发展,加快推进畜禽粪污还田利用,2019年农业农村部和生态环境部办公厅联合发布了《关于促进畜禽粪污还田利用依法加强养殖污染治理的指导意见》(农办牧〔2019〕84号)。为了明确畜禽粪污还田利用有关标准和要求,2020年农业农村部和生态环境部办公厅联合发布了《关于进一步明确畜禽粪污还田利用要求强化养殖污染监管的通知》(农办牧〔2020〕23号)。该标准用于指导畜禽粪肥还田,可为畜禽粪肥还田情况的评估提供依据,对畜禽粪污资源化利用是十分必要的。

2. 适用对象及主要内容

该标准适用于经无害化处理腐熟后的畜禽粪肥还田,包括畜禽粪肥还田的通用要求、施用量、记录与效果监测方面的内容,描述了畜禽粪肥还田施用方法、采样和分析方法。

畜禽粪肥有别于畜禽粪污,畜禽粪污指未经过无害化处理时的状态,而畜禽粪肥专指畜禽粪污经过无害化处理后可用作肥料还田时的状态;农业农村部发布的《"十四五"全国畜禽粪肥利用种养结合建设规划》农业农村部畜牧兽医局《关于做好畜禽粪肥还田试点工作的通知》中,均使用了"畜禽粪肥"一词,标准中对畜禽粪污卫生学指标进行了规定,同时推荐畜禽粪肥施用量、施用方法,对畜禽粪肥的检测方法等关键内容加以规范、提出技术要求。

应根据土壤肥力、作物类型、作物预期产量和粪肥当季利用率等确定粪肥施用量，畜禽粪肥应施尽施。氮、磷是作物生长中两种主要的营养元素，氮是限制植物生长和产量形成的首要因素，是作物体内许多重要有机化合物的组分，磷是植物生长发育不可缺少的营养元素之一，以多种方式参与植物体内各种代谢过程。生产上作物形成100千克产量，所需的氮磷比介于（1：1）~（8：1），而粪肥中氮、磷养分比例一般大于8：1，如果按粪肥中总磷含量计算粪肥施用量，会造成粪肥总氮养分超过作物的氮养分需求量。因此，畜禽粪肥施用量一般应以作物养分需求和粪肥养分供给的氮平衡为基础测算，对于土壤本底值磷含量较高的特殊区域，宜以磷平衡为基础测算。

该标准中对粪肥的施用量给出了2种计算公式，具备田间试验和土肥分析化验条件以及不具备田间试验和土肥分析化验条件，对公式中的各参数进行解释并给出了相应的推荐值；另外，对我国主要作物粪肥施用量也给出了推荐值。关于畜禽粪肥的施用方法，标准中按固体粪肥、液体粪肥分别进行规定，不仅包括作基肥的施用方法，还指明了作追肥的施用方法。

（二）畜禽粪便土地承载力测算方法（NY/T 3877—2021）

1. 标准的起草背景

《国务院办公厅关于加快推进畜禽养殖废弃物资源化利用的意见》指出，全面推进畜禽养殖废弃物资源化利用，加快构建种养结合、农牧循环的可持续发展机制；畜禽粪污的处理和利用要突出养分综合利用，配套与养殖规模和处理工艺相适应的粪污消纳用地；健全畜禽粪污还田利用和检测标准体系，制定畜禽养殖粪污土地承载能力测算方法，畜禽养殖规模超过承载能力的县要合理调减养殖量。畜牧大县要科学编制种养循环发展规划,实行以地定畜,促进种养业在布局上相协调,精准规划引导畜牧业发展。要加快畜牧业转型升级,优化调整生猪养殖布局,向粮食主产区和环境容量大的地区转移。

在此之前,我国没有针对畜禽粪污土地承载能力的标准,部分区域以畜禽养殖粪污产生量为依据进行测算,而畜禽粪污产生后在收集、处理和利用过程中都会产生养分损失,如果直接用产生量进行测算,会显著降低区域的养殖量和承载量。因此,有必要科学制定适合我国畜禽粪污资源化利用特征的土地承载力测算标准,综合考虑畜禽粪污养分产生量和供给量,以及土壤养分供给和作物养分需求,为种养结合、农牧循环发展提供参考。

2. 适用对象及主要内容

(1) 适用对象

本标准适用于典型区域可承载的最大畜禽养殖量的测算,同时也适用于规模养殖场配套农田面积的测算。标准充分考虑我国现阶段畜禽养殖现状,作物种植尤其是大田作物种植的粪肥施用现状,随着粪污资源化处理利用水平的不断提高,动物粪污排泄的养分量和粪污处理利用方式等因素都可能发生变化,基于关键数据可获取的原则,给出了作物粪肥养分需求量和粪肥养分供给量的计算公式。

(2) 测算计量单位

为了便于统一测算,该标准以猪当量为计量单位进行测算,"猪当量"是用于衡量畜禽氮或磷排泄量的度量单位,以1头70千克育肥猪一天粪尿中氮或磷的排泄量乘以365天得到氮(磷)排泄量。由于畜禽种类多样,不同动物的粪便排泄量、粪便中的养分含量都存在一定的差异,为了便于各地方使用该标准,采用统一的计量单位十分必要,由于畜禽中的粪污产生量最大的动物是生猪,故以生猪为基础,对于一个猪当量,氮排泄量约为 11 千克，磷排泄量约为 1.65 千克，其他动物按此氮排泄量进行折算，100 头猪相当于 15 头奶牛、30 头肉牛、250 只羊、2 500只家禽，其他畜禽均基于存栏量进行测算。

(3) 测算原理

畜禽粪污土地承载力测算过程是基于养分平衡的原则，粪肥的养分需求以不同农作物的养分需要为基础，考虑农作物所需的养分一部分来自土壤供给，另外一部分来自施肥供给，测算要基于土壤肥力、作物产量、粪肥施肥比例，测算农田粪肥养分需求量，考虑粪肥收集和处理过程养分损失量，确保测算结果的科学性、规范性和可操作性。

畜禽粪便中的养分含量包括氮、磷、钾和微量元素等，由于各种养分含量之间关系比较复杂，采用不同养分进行测算的结果可能存在一定的差异，通常情况下，畜禽粪便中的氮含量高于磷含量，而大部分土地处于缺磷的情况，基于氮素进行计算，施用粪肥一般不会导致土壤中的磷盈余，对于基于氮计算的结果，磷不足的部分可以通过补充磷肥来满足，如果直接基于磷测算，可能会导致土地中氮过量，因此，标准中以畜禽粪肥氮养分供给和植物氮养分需求为基础进行核算。对于设施蔬菜地，由于施用有机肥量大且时间较长，土壤中的磷含量比较高，如果以氮为基础，可能施肥比例比较高，会导致土壤中的磷进一步过量，应基于磷的基础值进行粪肥需求测算，因此对于设施蔬菜等作物为主或土壤本底值磷含量较高的特殊区域或农用地，应以磷为基础进行测算。

植物粪肥养分需求量根据土壤肥力、作物类型和产量、粪肥施用比例等确定。畜禽粪肥养分供给量根据畜禽种类、存栏量、粪污收集方式和处理方式所占比例等确定。对于深度处理后的养殖污水作为肥水利用，应基于其养分浓度和施用量测算粪肥养分供给量。

(4) 测算流程

①边界确定

影响测算植物养分需求量的因素包括区域的各种作物种植情况、作物产量情况、土壤养分状况等基本信息，对于畜禽粪肥养分供给量也是存在同类的情况。测算的第一步就要确定测算边界，该标准规定的最新测算边界可以是养殖场，或者是村、镇、县等区域，确保有关数据可收集和可核对。

②资料收集

确定测算边界后，收集边界范围内种植业和养殖业信息。

A. 收集边界内种植业生产信息

a. 边界内主要作物种类、种植制度、种植面积和产量等信息，对于一个区域可以从当地统计年鉴或统计公报中获取，对于养殖场，可以通过收集周边农户的信息获得。

b. 畜禽粪污不仅可以施入到农作物中，对于人工草地（如苜蓿、燕麦草）、人工林地（如速生杨树、桉树）等，可以分别通过农业和林业部门的统计数据中进行获取。

c. 边界内土壤养分特征，重点收集该区域的土壤中氮、磷含量等本地化的特征参数，可从当地测土配方施肥土壤基础数据库中获取。

d. 边界内农业生产中有机肥和化肥配合施用的比例，可经实地调查或专家推荐获取。

B. 收集边界内畜禽养殖信息

a. 对于边界内的畜禽种类、各种畜禽的存（出）栏量，可从当地统计年鉴或统计公报中获取，对于养殖场，可以从养殖统计档案中获得。

b. 清粪方式不同，粪便中的养分损失存在一定的差异，主要的畜禽粪污清粪方式包括干清粪、水泡粪、水冲粪、垫料养殖等，在数据获取时，需要选择一定比例的养殖场进行调查，获取其清粪方式情况，依此类推该区域不同畜禽的清粪方式占比情况。

　　c. 粪便处理方式不同，粪便中的养分损失存在一定的差异，主要的粪便处理方式包括堆肥、固体贮存、厌氧消化、氧化塘、沼液贮存等，如粪便堆肥过程中的氮损失率可能高达30%，而厌氧消化过程中的氮损失率可能在5%以下，需要调查边界内各种畜禽的粪污处理情况，获取不同粪污处理方式所占比例。

　　C. 测算内容

　　a. 植物粪肥养分需求量，首先测算植物养分需求量，然后根据粪肥施肥占比测算植物粪肥养分需求量。

　　b. 粪肥养分供给量，首先测算畜禽粪肥养分产生量，然后根据粪污收集和处理利用方式测算粪肥养分收集量和供给量，测算出以猪当量计的粪肥养分供给量。

　　c. 区域土地承载力，包括区域土地承载力和典型养殖场配套土地面积。

四、畜禽粪肥还田类标准建设设想

（一）加快推动畜禽粪肥还田类标准制定的有关建议

1. 完善畜禽粪肥还田标准

　　基于我国现有的畜禽粪污资源化利用标准体系框架，进一步建立全国及地方畜禽粪肥还田标准清单，加强顶层设计，建立覆盖畜禽粪肥还田全过程的标准体系框架，最终形成体系完整、结构合理、层次清晰、内容全面的粪肥还田标准体系。

2. 突出标准科学性

　　我国幅员辽阔，地形地貌、气候特征差异较大，粪肥处理技术复杂，粪肥性质差异大；畜禽粪肥涉及养分利用、污染物控制、温室气体排放、产品质量保障等多方面，也受施用技术、装备影响；因此科学制定相关标准，协调养分高效利用与污染物限量控制、匹配不同类型粪肥的施用技术和施用装备、兼顾生态环境安全与作物产量品质等至关重要。

3. 加紧制定重点标准

规模化集约化发展，饲料结构变化，粪污收集、处理技术设备升级，资源环境约束趋紧，不仅需对现有畜禽粪肥还田类标准和方法进行修订，还需增补畜禽粪肥还田类基础性、通用性标准和方法，结合现有标准，建议后续在粪肥监测与检测方法、还田设施与装备、污染控制与风险评估等方面制定相关标准，完善畜禽粪肥还田标准体系，推进科学还田。

（二）畜禽粪肥还田类标准制修订建议

1. 按照畜禽粪肥还田技术路径梳理现行标准体系表

建议按照还田前、还田过程、还田后3个层次梳理现行标准，其中还田前范畴主要包括承载力测算和有毒有害指标限量要求2类；还田过程范畴主要包括粪肥还田操作技术和设施装备2类；还田后范畴主要包括监督管理和安全评价2类；进而确保畜禽粪肥还田利用标准体系脉络清晰、逻辑严谨、体系完整。

2. 在现行有效标准基础上完善标准制修订计划

对照畜禽粪肥还田利用标准体系框架内容，梳理现行有效的国家和行业标准，一方面根据4个标准类型补齐有必要但缺失的标准信息，另一方面兼顾影响力和前瞻性的地方标准，升级部分地方标准，提升标准的层次和普适度；同时结合当前产业发展情况和问题需求，修订行业地位重要但不合时宜的老旧标准。

3. 纳入匹配畜禽粪肥还田服务的技术标准

现阶段，畜禽粪肥还田实施主体有不少是第三方服务机构，承接了粪肥的收集、贮存处理、运输和还田等全链条服务，覆盖粪肥还田全链条环节的操作要求和注意事项，均有必要纳入现行标准体系中来，指导并推动第三方服务机构的日常标准化作业，为行业重大专项的顺利实施保驾护航。

4. 建议制修订的技术标准

制定畜禽粪污全量贮存设施设计要求、液体粪肥田间贮存设施设计要求、粪水酸化贮存设施设计要求、畜禽粪水贮存技术规程、粪污处理密闭环境有害气体控制要求、粪污贮存设施甲烷监测设备、养殖场消防设施设计规范等已计划的技术标准（表14）。补充制定相关粪肥还田前新污染物限量要求、粪肥还田碳氮磷养分/污染物（重金属、病原菌、抗生素抗性基因、微塑料等）原位快速监测、粪肥还田质量效果评价等技术标准。

表 14 粪肥还田利用类标准中现行和建议制修订标准

第一层级	第二层级	第三层级	标准名称（标准号）	标准性质	目前状态	建议
粪肥还田利用（项）	还田前	粪肥还田承载力	畜禽粪便土地承载力测算方法（NY/T 3877—2021）	推荐性	现行	
			畜禽粪肥科学安全施肥决策技术要求	推荐性	空缺	补充制定
			养分管理方案设计技术规范	推荐性	空缺	补充制定
		有毒有害指标限量要求	肥料中有毒有害物质的限量要求（GB 38400—2019）	强制性	现行	
			畜禽粪肥有害物质限量标准	强制性	已立项	
			畜禽粪肥盐分限量标准	强制性	空缺	补充制定
			畜禽粪肥新污染物限量标准	强制性	空缺	补充制定
			畜禽粪肥还田恶臭气体减控技术规范	推荐性	空缺	补充制定
			畜禽粪肥还田温室气体减控技术规范	推荐性	空缺	补充制定

（续表）

第一层级	第二层级	第三层级	标准名称（标准号）	标准性质	目前状态	建议
粪肥还田利用（项）			畜禽粪肥还田技术规范（GB/T 25246）	强制性	报批	
			畜禽粪便安全使用准则（NY/T 1334—2007）	推荐性	现行	修订
			畜禽粪污资源化利用技术规范 第1部分：总则	推荐性	立项	
			畜禽粪污资源化利用技术规范 第2部分：生猪	推荐性	立项	
	还田过程	还田技术	畜禽粪污资源化利用技术规范 第3部分：奶牛	推荐性	计划	
			畜禽粪便食用菌基质化利用技术规范（NY/T 3828—2020）	推荐性	现行	
			农用沼液（GB/T 40750—2021）	推荐性	现行	
			沼肥施用技术规程（NY/T 2065—2011）	推荐性	现行	
			畜禽粪水还田技术规范（NY/T 4046—2021）	推荐性	现行	
		还田设施	畜禽粪肥田间处理（贮存）设施建设技术规范	推荐性	空缺	补充制定
		还田装备	畜禽粪肥还田施肥装备技术规范	推荐性	空缺	补充制定
	还田后	监督管理	畜禽粪肥还田利用台账记录技术要求	推荐性	空缺	补充制定
		风险评估	畜禽粪肥还田利用风险评估技术规范	推荐性	空缺	补充制定

第四章　气体管控类标准

畜禽养殖生产活动中会产生和排放各类气体，主要有温室气体，以氨气、硫化氢、挥发性有机物为主的恶臭和有害气体。温室气体过量排放会引起全球变暖气候变化，恶臭和有害气体在畜禽舍内对畜禽生产带来不利影响，排放到大气环境中带来的异味是当前公众投诉最强烈的畜牧业环境问题。若任由这些气体向环境排放，不仅会对人类健康和生态环境产生威胁，也会对社会发展和经济形势等产生不良影响。

一、畜牧业气体排放现状

（一）温室气体

1. 畜牧业温室气体

温室气体（Greenhouse Gas，GHG）是指大气层中自然存在的和由于人类活动产生的能够吸收和散发由地球表面、大气层和云层所产生的、波长在红外光谱内的辐射的气态成分。与畜牧业有关的人类活动带来的温室气体主要有甲烷（CH_4）、氧化亚氮（N_2O）和二氧化碳（CO_2）等。其中，CH_4 主要来自反刍动物肠道内发酵过程和动物粪便管理过程中的排放，N_2O 主要来自畜禽粪污在收集、贮存、处理和利用过程，CO_2 主要来自畜禽养殖生产活动相关的化石燃料等使用过程。按照 IPCC 国家温室气体清单编制指南要求，养殖场生产过程中的化石能源消费导致的 CO_2 排放归属到能源活动报告，因此，畜牧业活动温室气体清单只报告 CH_4 和 N_2O 排放。根据国家温室气体排放清单数据，2018年，我国畜牧业温室气体排放量为3.68亿吨二氧化碳当量，动物肠道 CH_4 排放占61.9%，粪污管理 CH_4 排放占19.8%，粪污管理 N_2O 排放占18.3%。畜牧业 CH_4 排放占我国农业源 CH_4 排放的比例为60.0%，占我国 CH_4 排放总量的比例为23.8%［不包括土地利用、土地利用变化及森林（LULUCF），以下同］；畜牧业 N_2O 排放，占我国农业源 N_2O 排放的比例为23.1%，占我国 N_2O 排放总量的比例为11.3%。

2. 中国畜牧业温室气体排放管控历程

党的十八大以来，中国大力推动经济社会发展绿色转型。习近平总书记在中央财经委员会第九次会议上强调，实现碳达峰、碳中和是一场广泛而深刻的经济社会系统性变革，要把碳达峰、碳中和纳入生态文明建设整体布局，拿出抓铁有痕的劲头，如期实现2030年前碳达峰、2060年前碳中和的目标。《第十四个五年规划和2035年远景目标纲要》中明确指出，要加大 CH_4、氢氟碳化物、全氟化碳等其他温室气体控制力度，提升农业生产适应气候变化能力。习近平总书记在2021年的中央农村工作会议上强调，农业农村领域减排固碳既是碳达峰、碳中和的重要举措，也是潜力所在，这方面要做好科学测算，制定可行方案，采取有力措施。2022年农业农村部和国家发展和改革委员会印发的《农业农村领域减排固碳实施方案》指出，要以保障粮食安全和重要农产品有效供给为前提，实施减污降碳、碳汇提升行动，推动农业农村绿色低碳发展，重点强调的是在确保农产品有效供给的基础上，提高农业综合生产能力。2023年，生态环境部等11部委联合印发《甲烷排放控制行动方案》，提出"十四五"期间，CH_4 排放控制政策、技术和标准体系逐步建立，CH_4 排放统计核算、监测监管等基础能力有效提升，种植业、养殖业单位农产品 CH_4 排放强度稳中有降，推进农业领域 CH_4 排放控制，包括推进畜禽粪污资源化利用和科学控制肠道 CH_4 排放。随着对非二氧化碳温室气体关注度提升，畜牧业温室气体减控成为了各方关注热点。

（1）碳达峰指全球或一个地区的碳排放总量，在某一时间点达到历史最高点，即碳峰值，经平台期后进入持续下降的过程。碳达峰是碳排放量由增转降的历史拐点。

（2）碳中和是指将人类社会经济活动所必须的碳排放，通过植树造林和其他人工技术或工程加以捕集或封存技术等人为吸收汇达到平衡。碳中和目标可以设定在全球、国家、城市、企业活动等不同层面，狭义指二氧化碳排放，广义指所有温室气体排放。碳达峰与碳中和紧密相连，前者是后者的基础和前提，达峰时间的早晚和峰值的高低直接影响碳中和实现的时长和实现的难度。

（3）"降碳"中的"碳"，就是指二氧化碳当量排放量，即生产活动中所有温室气体统一单位为二氧化碳当量排放量。二氧化碳当量是指在辐射强度上与某种温室气体质量相当的二氧化碳的量，等于给定温室气体的质量乘以它的全球变暖潜势值。全球变暖潜势（Global Warming Potential，GWP）是指，将单位质量的某种温室气体在给定时间内辐射强度的影响与等量二氧化碳辐射强度影响相关联的系数（表15）。

表15 温室气体的GWP

名称	GWP
二氧化碳（CO_2）	1
甲烷（CH_4）	21
氧化亚氮（N_2O）	310

注：该值取自IPCC第二次评估报告，我国前述年份提交的国家温室气体清单采用上述值。根据《巴黎协定》要求，自2024年各国提交透明度报告时，GWP值将采用IPCC第五次评估报告中提供的数值。

(4) 非二温室气体是指除了二氧化碳以外的温室气体。

(5) 为何 CH_4 等非二温室气体备受关注？CH_4 是仅次于二氧化碳的第二大温室气体，其排放量约占全球温室气体排放量的 20%，对全球变暖的贡献率约占 1/4。CH_4 的一个重要人为排放源就是反刍动物肠道发酵、畜禽粪污处理和利用过程。近年来，国内外对全球 CH_4 减排的关注程度明显增强，美国和欧盟联合全球 150 多个国家或地区签署了《全球甲烷减排承诺》，要求全球 2030 年 CH_4 排放较 2020 年减少 30%；中国于 2023 年 11 月印发了《甲烷排放控制行动方案》。我国是 CH_4 排放大国，2018 年 CH_4 排放量为 6 013.2 万吨，相当于排放 12.6 亿吨二氧化碳当量，约占当年温室气体排放总量的 9.7%，减少农业源 CH_4 排放已经引起了高度关注。由于 CH_4 是短寿命温室气体，减排一定量的 CH_4 就相当于长寿命温室气体的负排放，所以促进 CH_4 等非二氧化碳类温室气体的减排，可以为实现"双碳"目标预留更多的缓冲时间。

（二）氨气等恶臭污染物

1. 畜牧业恶臭污染物

恶臭污染物是指一切刺激嗅觉器官引起人们不愉快及损坏生活环境的气体物质。与畜牧业有关的人类活动带来的恶臭污染物主要有氨气（NH_3）、硫化氢（H_2S）、挥发性有机物（VOC）等。其中，NH_3 主要由粪便中有机氮水解过程产生，H_2S 等含硫臭气主要在粪污厌氧发酵过程中产生，VOC 主要是粪污在厌氧和好氧处理过程中的微生物的活动产生的排放。

由于氨气是大气中唯一的碱性气体，形成的铵盐是气溶胶的前体物质。有研究显示，人为造成的氨排放约有 90% 来自农业生产活动,其中,畜禽养殖带来的氨排放占农业源氨排放总量的50%以上。有学者认为,减少农业源氨排放对于减少大气氨排放有重要促进作用,进而能够减少 $PM_{2.5}$ 形成,有效缓解雾霾等大气污染,这些观点使得畜牧业氨排放和氨减排备受关注。

目前,我国还没有开展氨气排放清单估算,相关学者进行了不同领域的氨气排放量估算,估算结果存在较大差异,根据朱志平等在 *Nature Food* 上发表的文章估算结果来看,2017年,我国畜牧业氨气排放量约为345万吨;其中,来自生猪养殖生产活动的排放占比为39.9%,来自蛋鸡养殖生产活动的排放占比为12.1%,来自肉鸡养殖生产活动的排放占比为9.5%,来自牛羊等养殖生产活动的排放占比为38.4%。对于不同生产环节,畜舍环节排放占比约为36%,粪便处理环节排放约占20%,粪肥还田利用环节约占45%。

2. 中国畜牧业氨气排放管控历程

2005年以后,雾霾污染逐渐成为我国大气污染防治的热点话题。在 $PM_{2.5}$ 的管控上,主要通过控制燃煤、生物质燃烧、汽车尾气排放、工业排放等减少 NO_x、SO_2 等 $PM_{2.5}$ 前体物的排放。然而,$PM_{2.5}$ 的污染状况仍无明显改善,雾霾预警频发。近年来,有学者提出控氨是长期以来被忽视的控霾环节,是控制 $PM_{2.5}$ 更为经济有效的方法。"十三五"以来,我国逐渐将氨防控提上环境管理日程。2016年,《"十三五"生态环境保护规划》提出了氨防控要求。2017年,《2017年国务院政府工作报告》提出要铁腕治理,坚决打好蓝天保卫战。随后《京津冀及周边地区2017年大气污染防治工作方案》出台,提出以改善区域环境空气质量为核心,以减少重污染天气为重点,多措并举强化冬季大气污染防治,全面降低区域污染排放负荷。2018年,《关于全面加强生态环境保护坚决打好污染防治攻坚战的意见》明确了在重点地区开展氨排放控制试点的要求；《打赢蓝天保卫战三年行动计划》提出了基于农业资源利用效率改善的氨减排行动计划，开展全国尤其是京津冀及周边地区农业氨减排工作，其中畜禽养殖业因集约化水平高成为氨重点减排的试点方向。2021年，《中共中央 国务院关于深入打好污染防治攻坚战的意见》指出，到2025年，京津冀及周边地区大型规模化养殖场氨排放总量比2020年下降5%，对重点区域的畜牧业氨气减排提出了约束性指标。2023年11月，国务院印发《空气质量持续改善行动计划》，其中第二十四条为稳步推进大气氨污染防控。开展京津冀及周边地区大气氨排放控制试点。研究畜禽养殖场氨气等臭气治理措施，鼓励生猪、鸡等圈舍封闭管理，支持粪污输送、存储及处理设施封闭，加强废气收集和处理。

在保证畜产品安全供给的前提下，既能保证行业持续稳定健康发展，又能科学合理推进畜牧业气体减排是推进气体管控类标准制修订的出发点和落脚点。

二、气体管控类标准现状

（一）气体管控类标准框架

科学监测和客观评估畜牧业气体排放现状，准确识别养殖过程中主要排放源和排放环节，开展温室气体、氨气等恶臭气体减排是推动畜牧业绿色低碳发展的重要一环。《指导意见》提出，要推动温室气体管控等标准与国际接轨，增强标准体系的协调性和统一性，重点补齐温室气体减排和臭气管控等标准制修订短板等要求。基于《指导意见》给出的气体管控的一级指标体系，提出了气体管控类标准子体系的二级、三级指标体系的标准框架结构（图10）。

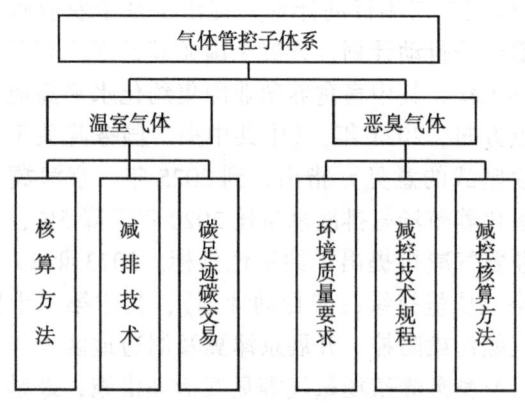

图 10　气体管控子体系标准框架

在气体管控子体系中，主要涉及温室气体和恶臭气体两类二级指标体系，基于气体管控工作操作流程，可分为核算报告、排放要求、减控技术、足迹评估、排放核查、核证交易6个方面的标准。

（二）气体管控类标准基本情况

目前，我国与畜牧业气体管控相关现行标准共计34项，如表16所示。其中，国家标准3项，行业标准7项，地方标准11项，团体标准13项。现行1项国家标准主要关注反刍动物肠道CH_4排放的测定方法，该标准于2016年制定发布实施；从标准类型来看，涉及空气环境质量标准的有4项，包括2项国家标准、1项行业标准和1项地方标准；气体排放测定方法的标准有6项，其中国家标准1项，行业标准1项，地方标准2项，团体标准2项；温室气体排放监测、核算和核查类标准14项，其中行业标准4项，地方标准5项，团体标准5项；温室气体减排量

第四章 气体管控类标准

表 16 现行畜牧业气体管控相关标准

标准号	标准名称	关注气体	发布年份	提出单位	适用范围	主要内容
国家标准						
GB 18596—2001	畜禽养殖业污染物排放标准	臭气浓度	2001	国家环境保护总局	集约化畜禽养殖场和养殖区	规定了恶臭气体最高允许日均排放浓度
GB 14554—1993	恶臭污染物排放标准	NH_3、H_2S、三甲胺、甲硫醇、甲硫醚、二甲二硫、二硫化碳、苯乙烯、臭气浓度	1993	国家环境保护总局	所有向大气排放恶臭气体单位的排放管理,以及建设项目的环境影响评价、竣工验收及其建成后的排放管理	规定了 8 种恶臭污染物的一次最大排放限值
GB/T 32760—2016	反刍动物 CH_4 排放量的测定 六氟化硫示踪—气相色谱法	CH_4	2016	农业部	牛、羊等反刍动物	从所用仪器、试剂、采样、分析等步骤详细规定了反刍动物 CH_4 排放量的六氟化硫示踪气相色谱测定方法
行业标准						
NY/T 388—1999	畜禽场环境质量标准	NH_3、H_2S、CO_2、PM10、恶臭	1999	农业部	鸡场、猪场、牛场	规定了畜禽场舍区、场区及缓冲区空气环境、生态环境质量和水环境要求

（续表）

标准号	标准名称	关注气体	发布年份	提出单位	适用范围	主要内容
NY/T 4243—2022	畜禽养殖场温室气体排放核算方法	N_2O、CH_4、CO_2	2022	农业农村部	畜禽养殖场	规定了畜禽养殖场温室气体排放量的核算边界和内容、核算步骤和方法、数据质量等，用于核算其温室气体排放量
HJ 1262—2022	环境空气和废气 气-三点比较式臭袋法	恶臭污染源	2022	生态环境部	养殖场场区或场界采集的待测定气体	详细规定三点比较式臭袋法测定臭气的原则、评价步骤、仪器设备、采样、分析、计算和准确度判定等操作步骤
RB/T 076—2021	种养殖温室气体减排技术评价规范	温室气体	2021	国家认证认可监督管理委员会	种养殖	规定了种养殖温室气体减排技术评价原则、评价方法、监测和数据质量管理等步骤，用于评价机构开展种养殖温室气体减排技术评价工作
RB/T 125—2022	种养殖企业（组织）温室气体排放核查通则	N_2O、CH_4、CO_2	2022	国家认证认可监督管理委员会	种养殖	规定了种养殖企业（组织）温室气体排放的核查要求、核查准备、核查策划、核查实施、核查报告以及核查工作的质量保证要求
RB/T 126—2022	养殖企业温室气体排放核查技术规范	N_2O、CH_4、CO_2	2022	国家认证认可监督管理委员会	养殖业	规定了养殖企业温室气体排放的核查要求、核查步骤、核查准备、核查策划、核查实施、核查报告以及核查工作的质量保证要求

(续表)

标准号	标准名称	关注气体	发布年份	提出单位	适用范围	主要内容
RB/T 127—2022	奶牛养殖企业温室气体排放核算方法与报告指南	N_2O、CH_4、CO_2	2022	国家认证认可监督管理委员会	奶牛	规定了规模化奶牛养殖企业温室气体排放核算方法和报告的核算步骤、核算边界、核算方法、数据质量保证，以及报告内容和格式
地方标准						
DB11/T 1422—2017	温室气体排放核算指南—畜牧养殖企业	N_2O、CH_4、CO_2	2017	北京市发展和改革委员会	畜牧养殖企业	详细规定了畜牧养殖企业温室气体排放量的核算边界、数据质量、报告格式和内容等，用于养殖企业的温室气体排放报告，并编制排放报告
DB11/T 1563—2018	农业企业（组织）温室气体排放核算和报告通则	N_2O、CH_4、CO_2	2018	北京市农业局	农业企业（组织），含种植主体和养殖主体，可不具备法人身份	详细规定了农业企业（组织）温室气体排放的核算原则和方法、核算边界、核算步骤和流程、报告质量、报告要求，用于指导其开展温室气体排放量核算和报告编制

（续表）

标准号	标准名称	关注气体	发布年份	提出单位	适用范围	主要内容
DB11/T 1565—2018	畜牧产品温室气体排放核算指南	N_2O、CH_4、CO_2	2018	北京市农业局	畜禽产品	详细规定了畜禽产品生产过程中温室气体排放量的核算原则和流程、核算步骤、核算边界、功能单位、核算方法、核算质量、核算报告等，主要用于畜禽产品生产的温室气体排放量核算（与北京市农业局提出的上面1个地方标准相似，最大的不同在于涉及分配与否等事宜）
DB11/T 1616—2019	农产品温室气体排放核算通则	N_2O、CH_4、CO_2	2019	北京市农业局	农产品	规定了农产品生产过程中温室气体排放量的核算原则、核算边界、功能单位、分配方法、核算报告等，主要用于指导农产品温室气体排放核算指南的制修订（虽为通则，主要内容很详细，与北京市农业局提出的上面1个地标内容重叠性较大，并未真正具备指导性）
DB12/T 1014—2020	集约化养殖场气体原位速测技术规程	CO_2、NH_3、CH_4	2020	天津市农业农村委员会	规模养殖场	规定了规模养殖场多组分气体原位速测的操作方法和要求
DB13/T 5718—2023	集约化畜禽养殖场气体原位自动监测技术规程	NH_3、CO_2、CH_4、H_2S	2023	河北省农业农村厅	集约化畜禽养殖场	规定了集约化畜禽养殖场有害气体原位监测系统的组成、技术要求、布点、运行、管理、档案等事项

（续表）

标准号	标准名称	关注气体	发布年份	提出单位	适用范围	主要内容
DB22/T 3517—2023	肉羊舍有害气体控制技术规范	CO_2、NH_3、H_2S	2023	吉林省畜牧业管理局	封闭肉羊舍	规定了肉羊舍有害气体限制和监测技术等
DB36/T 1094—2018	农业温室气体清单编制规范	H_2O、N_2O、CH_4、CO_2、HFCS、PFCS、SF_6、O_3	2018	江西省气象局	动物肠道发酵和粪便管理	规定了农业温室气体清单排放源和估算方法、估算结果和不确定性分析，清单报告和数据获取优先次序，主要用于省、市、县级农业温室气体排放清单报告编写
DB61/T 1391—2020	肉羊舍饲养温湿度与有害气体控制参数要求	NH_3、H_2S、CO_2	2020	西北农林科技大学	封闭舍饲肉羊	规定了不同季节肉羊舍控制参数
DB1304/T 387—2022	蛋鸡养殖场氨氨除臭技术规程	氧气、CO_2、NH_3、可吸入粉尘	2022	曲周县农业农村局	邯郸市蛋鸡养殖	规定了蛋鸡养殖场饲养管理、低蛋白日粮配制、高压微雾喷淋减氨除臭技术、鸡粪条垛式喷酸堆肥技术
DB 44/ 613—2024	畜禽养殖业污染物排放标准	臭气浓度	2024	广东省生态环境厅	规模化养殖场	规定了规模化养殖场界的臭气浓度排放限值
团体标准						
T/CIPR 122—2023	生猪养殖场气体净化装置性能测定方法		2023	南安市知识产权协会		

· 159 ·

(续表)

标准号	标准名称	关注气体	发布年份	提出单位	适用范围	主要内容
T/CAB 0206—2022	奶牛养殖企业温室气体排放监测、核算和报告指南		2022	中国产学研合作促进会		
T/LCAA 004—2020	养殖企业温室气体排放监测技术规范		2020	北京低碳农业协会		
T/LCAA 005—2021	气体中 CH_4、N_2O 和二氧化碳浓度测定 气相色谱法		2021	北京低碳农业协会		
T/LCAA 009—2022	种养殖企业（组织）温室气体排放核算和报告通则		2022	北京低碳农业协会		
T/LCAA 011—2022	养殖场粪污处理项目温室气体减排量核算指南		2022	北京低碳农业协会		

（续表）

标准号	标准名称	关注气体	发布年份	提出单位	适用范围	主要内容
T/CSTE 0073—2020	猪粪资源化利用替代化肥非二氧化碳温室气体减排量核算指南		2020	中国技术经济学会		
T/ZGCERIS 00015—2018	畜牧产品温室气体排放核算指南		2018	中关村生态乡村创新服务联盟		
T/ZGCERIS 0003—2019	泌乳奶牛日粮调控项目温室气体减排量核算技术规范		2019	中关村生态乡村创新服务联盟		
T/ZGCERIS 0004—2019	奶牛养殖玉米秸秆过腹还田项目温室气体减排量核算技术规范		2019	中关村生态乡村创新服务联盟		
T/ZGCERIS 0005—2019	猪场粪便管理利用有机小麦种植联动循环项目温室气体减排量核算技术规范		2019	中关村生态乡村创新服务联盟		

（续表）

标准号	标准名称	关注气体	发布年份	提出单位	适用范围	主要内容
T/ZGCERIS 0006—2019	畜禽粪便厌氧堆肥项目温室气体减排量核算技术规范		2019	中关村生态乡村创新服务联盟		
T/ZGCERIS 0008—2019	奶牛瘤胃 CH_4 气体排放监测技术规范		2019	中关村生态乡村创新服务联盟		

监测核算类标准 7 项，其中行业标准 1 项、团体标准 6 项。

此外，《畜禽养殖业污染物排放标准》（GB 18596—2001）中，规定了集约化畜禽养殖业恶臭污染物排放标准，要求臭气浓度不超过为 70（无量纲）。《恶臭污染物排放标准》（GB 14554—1993）中，规定了包括氨气和硫化氢等 8 种恶臭污染物的在不同场界的最大排放限值。

总体上看，气体管控类标准大都是为适应温室气体减排和监测核算和氨气管控等相关政策要求，基本上都是在 2018 年以后新制定的标准，以气体监测方法、排放或减排量核算类标准为主，尚处于起步探索阶段。其中，气体监测方法类标准有 6 项，主要围绕反刍动物肠道 CH_4 排放测定、养殖场气体排放量测定、温室气体仪器分析方法、环境臭气测定等；排放核算和减排方法类标准有 19 项，主要围绕养殖场尺度和项目尺度温室气体排放量和减排量核算、核查等标准，这类标准主要以行业标准和团体标准为主；技术类标准 3 项，主要围绕有害气体排放控制和净化等技术；空气质量和排放限值类标准 3 项，主要是对臭气和氨气等有害气体排放限值提出要求（表 17）。

表 17　对气体排放有限量要求的标准

标准号	标准名称	有限量要求的气体种类
GB 18596—2001	畜禽养殖业污染物排放标准	臭气
GB 14554—1993	恶臭污染物排放标准	氨气、三甲胺、硫化氢、甲硫醇、甲硫醚、二甲二硫、二硫化碳、苯乙烯、臭气
NY/T 388—1999	畜禽场环境质量标准	氨气、硫化氢、二氧化碳、PM10、TSP、恶臭
DB22/T 3517—2023	肉羊舍有害气体控制技术规范	氨气、硫化氢、二氧化碳

(续表)

标准号	标准名称	有限量要求的气体种类
DB61/T 1391—2020	肉羊舍饲养殖温湿度与有害气体控制参数要求	氨气、硫化氢、二氧化碳

(三) 气体管控类标准的主要作用

1. 提升畜禽粪污管理温室气排放监测评估能力

不同类型的畜禽粪污管理过程中氨气、CH_4、N_2O 和臭气等受粪污管理方式、气候条件和畜禽种类等多方面因素影响，排放量变异性较大，目前，由于缺少相关的监测核算方法标准，无法科学地对不同区域、不同畜种和不同养殖方式下畜禽粪污管理氨气、温室气体排放开展系统监测，其中部分参数无法用充足的科学数据去评估、观测和验证，导致我国畜禽粪污管理温室气体排放核算结果还不能科学反映实际情况，尤其是减排技术应用后的减排效果，尚不能支撑畜禽粪污资源化利用精准减排的需要，迫切需要制定基于不同类型的粪便管理减排技术类和减排量核算类标准。

2. 强化畜禽粪污管理氨气臭气减排技术落地应用

2023 年 11 月，国务院印发《空气质量持续改善行动计划》，其中第二十四条为稳步推进大气氨污染防控。开展京津冀及周边地区大气氨排放控制试点。研究畜禽养殖场氨气等臭气治理措施，鼓励生猪、鸡等圈舍封闭管理，支持粪污输送、存储及处理设施封闭，加强废气收集和处理。到 2025 年，京津冀及周边地区大型规模化畜禽养殖场大气氨排放总量比 2020 年下降 5%。为支撑相关行动，迫切需要制定畜禽粪污管理过程中的气体减排技术规范，以及评估减排技术减排效果的减排量核算技术规范。

3. 推动畜禽粪污处理利用与气体减排协同

在畜禽粪污处理与利用过程中综合考虑温室气体和氨气减排技术，如好氧堆肥技术、厌氧沼气技术、液体粪污密闭贮存技术等，通过规范上述主要粪污管理技术不仅可以提高畜禽粪污肥料化和能源化利用水平，提高粪污的资源利用价值，同时也可以减少 CH_4 和氨气的排放，因此推动畜禽粪污气体管控标准的制定和实施，对提升畜禽粪污处理水平具有促进作用。

（四）气体管控类标准应用

党的二十大报告指出，要协同推进降碳、减污、扩绿、增长，推进生态优先、节约集约、绿色低碳发展，为做好下一阶段工作指出了明确方向，提供了根本遵循。在国家"双碳"战略布局下，推进畜牧业绿色低碳发展，不仅是切实推进畜禽粪污资源化利用的有效手段，也是深度挖掘我国畜牧产业价值链的必然要求，更是走向畜牧业现代化的根本路径。对于养殖业温室气体、氨气等恶臭气体的管控已提上日程。

1. 温室气体类标准运用的主要环节

养殖生产过程中排放气体的管控一般有核算（报告）、核查、核证3个环节（图11）。

核算（报告）环节主要是按照要求提供气体排放结果的过程，可以由生产主体自己核算，也可以由其他机构或组织来核算，最终目的是明确生产过程中的气体排放量、关键排放源以及主要减排环节，为生产主体选择减排技术提供参考。这个环节所需的标准主要有排放核算方法、排放情况报告、减控技术规范/指南、排放限量要求以及产品足迹评估等。现行畜禽养殖生产气体排放核算标准中，关于温室气体核算的国家标准、行业标准和

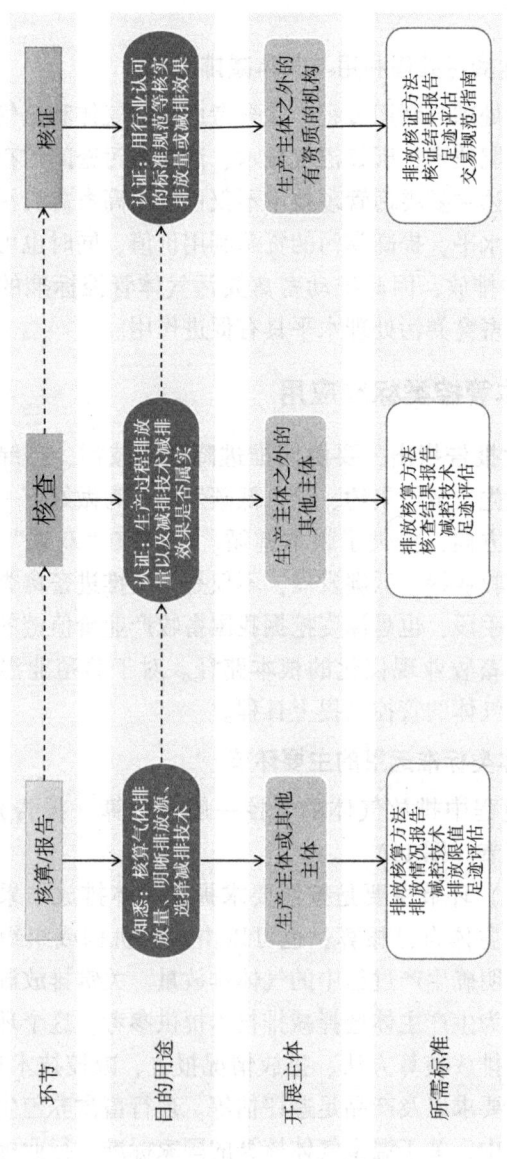

图11 不同环节标准管控流程

地方标准共有 7 项，其中，1 项用于不同畜禽养殖场的 NY/T 4243—2022，1 项用于奶牛养殖场的 RB/T 127—2022，5 项用于地方企业或生产环节的 DB11/T 1422—2017、DB11/T 1563—2018、DB11/T 1565—2018、DB11/T 1616—2019、DB36/T 1094—2018。此外，有 1 项关于温室气体减排技术评价的 RB/T 076—2021，有 1 项养殖场 NH_3、H_2S、CO_2、PM10、恶臭等气体排放量要求的 NY/T 388—1999。

核查环节主要是生产主体以外的其他主体来核算其生产过程中气体排放量和减排技术的减排效果，并验证该生产主体报告的气体排放情况是否准确、属实，作印证和参考作用。这个环节所需的标准主要有排放核查方法、核查结果报告、减控技术以及足迹评估等。现行畜禽养殖生产气体排放标准中，关于温室气体核查的行业标准有 2 项，其中，1 项用于种养殖企业排放核查通则的 RB/T 125—2022，1 项用于养殖企业排放核查技术规范的 RB/T 126—2022。

核证环节主要是按照国家和行业现有标准规范等要求，核实生产主体的气体排量和减排效果，必须由具备资质的相关机构来核证，一般多是生产主体要进入碳市场、有碳交易需求，需要开展这项工作。这个环节所需的标准主要有排放核证方法、核证结果报告、产品足迹评估以及交易规范或指南等。

这三个环节都涉及排放量计算的方法，方法学根据目标不同而不同。一般来说，方法学要有 5 个要素。一是边界，就是计算某个生产过程划定的边界范围，分为时间范围和系统边界，时间范围是指待计算气体排放量的生产活动的时间起止，系统边界是指待计算气体排放量的生产活动涵盖的生产环节范围。二是气体类型，在划定的边界中需计算的气体种类，比如计算温室气体排放量，提前确定包括甲烷（CH_4）、氧化亚氮（N_2O）和二氧化碳（CO_2）3种气体中的一种或几种。三是排放源，在划定的计算边界中，要计算的气体排放源。四是排放参数，各排放源的排放参数可以通过实测获取，也可以通过计算得到。若通过计算，需要生产活动情况和排放因子两方面数据，生产活动数据可通过统计数据或调研取得，排放因子可取推荐值或实测得到。现行畜禽养殖生产相关的气体排放量测定标准中，关于温室气体测定的国家和地方标准共有4项，其中，1项用于测定反刍动物CH_4排放量的GB/T 32760—2016，2项用于测定规模养殖场CH_4和二氧化碳的DB12/T 1014—2020和DB13/T 5718—2023，1项用于测定肉羊舍二氧化碳的DB22/T 3517—2023；1项用于测定恶臭污染物的HJ 1262—2022，3项用于测定养殖场氨气、硫化氢等恶臭污染物的DB12/T 1014—2020、DB13/T 5718—2023和DB22/T 3517—2023。五是计算方法，一般为各个排放源气体排放量之和。

2. 气体管控类标准的应用实践

（1）对气体排放浓度的限量要求

对于恶臭气体和有害气体，一般在超过一定浓度后就会对人体健康和动物生产产生不利影响，因此，现行标准主要对产生异味的氨气、硫化氢等恶臭污染物以及臭气浓度（无量纲）有限量要求。

现行标准中，对畜禽养殖生产活动恶臭污染物/臭气排放有限值的标准共有4项，其中包括2项国家强制标准、1项农业行业标准、1项地方强制标准（表18）。2001年发布的《畜禽养殖业污染物排放标准》（GB 18596—2001）要求，规模化畜禽养殖场恶臭污染物的浓度最高不超过70（无量纲），这个要求适用于全国各地规模化畜禽养殖生产活动的臭气强度排放限值，且必须执行。在国家标准基础上，广东省于2024年发布了面向省内规模畜禽养殖场的《畜禽养殖业污染物排放标准》（DB44/613—

2024），对恶臭污染物排放强度提出了更严格限值，要求养殖场的场界恶臭污染物浓度不超过 20。

在通用标准方面，1993 年发布的《恶臭污染物排放标准》（GB 14554—1993），分三级、五方面对厂界的臭气浓度提出要求，其中，三级对应 GB 3095 中不同类分区，一类区、二类区和三类区分别执行一级、二级和三级标准。2012 年新修订的《环境空气质量标准》（GB 3095—2012），调整了环境空气功能区分类，将三类区并入二类区，农村地区属于二类区。

表 18 恶臭污染物排放浓度（单位为无量纲）

标准号	缓冲区	厂界/（场区）	舍区			
			禽舍		猪舍	牛舍
			雏	成		
GB 18596—2001	70					
GB 14554—1993		10（一级）				
	20（二级新扩改建）					
		30（二级现有）				
		60（三级新扩改建）				
		70（三级现有）				
NY/T 388—1999	40	50	70	70	70	
DB44/613—2024	20					

注：三级对应 GB 3095 中不同类分区，一类区执行一级标准，一类区中不得建新的排污单位，二类区和三类区分别执行二级和三级标准。在 2012 年新修订的 GB 3095《环境空气质量标准》，调整了环境空气功能区分类，将三类区并入二类区。其中，一类区为自然保护区、风景名胜区和其他需要特殊保护的区域；二类区为居住区、商业交通居民混合区、文化区、工业区和农村地区。

现行标准中,对畜禽养殖生产活动氨气和硫化氢排放有限值的标准共有4项,其中1项国家强制标准、1项行业推荐标准、2项地方推荐标准(表19、表20)。1993年发布的《恶臭污染物排放标准》(GB 14554—1993),类似臭气浓度要求,分三级、五方面对厂界的氨气和硫化氢的排放提出限值要求,当前环保投诉和环保检查时,一般多以现有标准中的臭气浓度作为衡量标准。由于氨气和硫化氢都具有刺激性气味,是造成臭气的原因之一,但是上述国家标准和农业行业标准都是20世纪制定,部分数值和要求与现有的规模化、集约化程度快速提升要求存在一定差异,需要针对畜禽养殖场现有生产情况进行相关标准参数制定的修订完善。

(2)对气体排放计算方法的要求

已有标准主要聚焦养殖生产活动中温室气体排放量计算,尚未形成计算氨气等异味的标准。现行标准中,关于畜禽养殖生产活动温室气体排放计算的标准共有18项,其中4项行业推荐标准、4项地方推荐标准、10项团体标准。2022年发布的《畜禽养殖场温室气体排放核算方法》(NY/T 4243—2022),规定了畜禽养殖场温室气体排放量的核算边界和内容、核算步骤和方法、数据质量控制等,主要用于核算养殖场温室气体排放量。北京市在2017—2019年间发布的4项地方标准,可用于核算北京地区畜禽养殖活动或畜禽产品的温室气体排放量,给出了核算原则、核算流程、核算边界、功能单位、分配方法、核算步骤、核算数据质量、核算报告等。《种养殖企业(组织)温室气体排放核查通则》(RB/T 125—2022)、《养殖企业温室气体排放核查技术规范》(RB/T 126—2022)可用于畜禽养殖温室气体排放的核查(表21至表23)。

(3)对生产实践减排技术应用的指导

现有关于畜禽养殖生产活动气体减排技术的标准只有1项,

表 19 氨气排放限值

单位：毫克/立方米

标准号	缓冲区	厂界（场区）	舍区 禽舍 雏	舍区 禽舍 成	舍区 猪舍	舍区 牛舍	舍区 羊舍 繁殖母羊	舍区 羊舍 种公羊	舍区 羊舍 羔羊	舍区 羊舍 育肥羊
GB 14554—1993		1（一级）								
		1.5（二级新扩改建）								
		2（二级现有）								
		4（三级新扩改建）								
		5（三级现有）								
NY/T 388—1999	2	5	10	15	25	20				
DB22/T 3517—2023							15	20	12	20
DB61/T 1391—2020					25（春季），20（夏，秋，冬季）					

表 20 硫化氢排放限值

单位：毫克/立方米

标准号	缓冲区	厂界（场区）	舍区							
			禽舍		猪舍	牛舍	羊舍			
			雏	成			繁殖母羊	种公羊	羔羊	育肥羊
GB 14554—1993		0.03（一级）								
		0.06（二级新扩改建）								
		0.1（二级现有）								
		0.32（三级新扩改建）								
		0.6（三级现有）								
NY/T 388—1999	1	2	2	10	10	8				
DB22/T 3517—2023							5	8	5	8
DB61/T 1391—2020					8（春、冬季）、6（夏、秋季）					

第四章 气体管控类标准

表 21 国内外温室气体排放计算方法、模型与规范

名称	发布机构	应用对象	计算范围	特点
IPCC 国家温室气体清单编制指南	政府间气候变化专门委员会	全球	主要用于编制国家和区域层面的温室气体清单	大都采用国家及区域层面排放因子和活动数据，是目前全球广泛认可的清单编制方法
《商品和服务生命周期内的温室气体排放评价规范》PAS 2050	英国标准协会	全球	主要用于评估产品或者产品服务全生命周期的温室气体排放量	规范企业或第三方机构评价企业产品或服务的温室气体排放情况的行为，致力于使量化方法更规范
ISO 14064—14067	国际标准化组织	全球	主要用于规范产品碳排放全生命周期评价的流程，排放的量化方法	适用于组织机构、温室气体减排项目、核查等
省级温室气体清单编制指南（试行）	国家发展和改革委员会	中国	主要用于编制省级温室气体清单	目前我国国内广泛运用的清单编制方法
GLEAM 模型	FAO	全球	主要用于计算全球及不同区域畜禽养殖从饲料生产到管理消费全链条的温室气体排放	构建了全球范围内不同种类畜禽养殖生产过程中温室气体排放的评估框架，评估依据现有的两个标准化方法，建立了六类畜禽及其不同养殖规模的评估管理生命周期要求和指南 ISO 14044、商品与服务温室气体排放生命周期评估规范 PAS 2050

· 173 ·

(续表)

名称	发布机构	应用对象	计算范围	特点
CAPRI模型	欧盟经济委员会	欧盟	主要用于计算欧盟及各成员国畜禽养殖从饲料生产到零售消费全链条的温室气体排放	数据来源主要是欧盟统计数据（EUROSTAT），另外还有粮农组织统计数据（FAOSTAT）、经合组织（OECD）的相关数据，氨排泄量则依据GAINS数据库
ULICEES模型	加拿大	加拿大	主要用于计算加拿大畜禽养殖从饲料生产到屠宰加工过程中的温室气体排放	基于碳足迹的方式评估加拿大畜禽生产过程，该模型可以评估土地利用政策的变化对降低农业生产过程温室气体排放的评估

表22 国内外关于氨气排放评估的规范与模型

名称	发布机构	应用对象	计算范围	特点
区域氮循环模型（IAP-N-1.0）	中国科学院大气物理研究所	中国	是在《2006年政府间气候变化专门委员会（Intergovernmental Panel on Climate Change，IPCC）国家温室气体清单指南》基础上建立的以农业氮肥施用活动水平基础数据为依托的N_2O排放因子核算模型	模型中使用了亚洲本地化氨排放核算参数，但未考虑不同国家的差异性

（续表）

名称	发布机构	应用对象	计算范围	特点
欧盟空气污染排放清单编制指南2016	欧盟环境局	欧盟	基于不同技术的排放因子法可进行不同减排措施的氨排放控制效率评价，利用排放建模及使用相关数据输入模型的动态模拟工艺过程，计算排放量	基于过程的农场尺度排放核算，受限于运行管理水平参数的可获得性
区域空气污染信息和模拟模型（RAINS）	欧盟经济委员会	欧盟	是管理跨界污染，评估污染排放和各项措施效果而开发的以氮元素流核算为核心的综合评价模型	可进行不同减排措施的成本效益分析和多污染物综合评价，仅限于宏观/区域尺度
区域氨排放削减策略费用曲线评估模型（MARACCAS）	欧盟	欧盟	核算方法从最初的基于氮素流核算衍生出多种以总氨态氮（Total ammoniacal nitrogen, TAN）为核心的氨排放核算体系。这里所说的TAN，指包括游离氨、离子铵、尿素、尿酸在内的可以转化成NH_3和NH_4^+的一切铵态化合物，较通常意义上说的（仅包括游离氨和离子铵）的氨氮（NH_3-N）范围更广	用于评价氨减排成效，局限于宏观区域尺度核算
化肥施用氨排放清单（AEIFA模型）	美国环保署	美国	在化肥施用氨排放清单模型基础上加入畜禽养殖氨排放核算模块，根据活动水平数据、管理模式和养殖方式，结合氨排泄率、排放因子进行畜禽养殖氨排放核算	考虑了养殖方式和粪便管理模式的影响

(续表)

名称	发布机构	应用对象	计算范围	特点
国家氨减排措施评价体系（NARSES）	英国	英国	是一个用于估算农业氨排放规模、时空分布规律以及检测相关政策方案实行可能性的模型。通过利用以 TAN 为基础的最大理论排放量与各削减因子（土壤 pH 值、土地利用类型、氮肥施用率、降雨和温度等）的乘积来计算氨排放量，从而评估土壤和环境变量对氨排放量的影响	可评估环境变量对氨排放影响，可评价控制措施费用
《大气氨源排放清单编制技术指南》	中国	中国	以动物排泄物氨排放核算为基础，给出了不同温度条件下不同阶段氨排放系数及参数，考虑了粪便存储过程中不同形态氮之间的相互转化，对室内和户外畜禽养殖氨排放核算的主要技术方法、技术流程等做了详细阐述	规范了全国和区域尺度的清单编制技术，不适用于养殖场尺度

表23 养殖场（户）常用气体减排措施一览表

生产环节	减排技术	减排潜力（%）		技术特点
		温室气体	氨气	
动物饲喂				
饲料添加剂	益生菌	—	45	能提高饲料利用率，降低饲料成本，但过量使用易造成畜禽中毒
	丝兰提取物	—	60	能提高饲料利用率，降低饲料成本，但饲料最优配比标准难以确定
	纤维素	—	70	
	功能性饲料添加剂	10~20	10~50	
低蛋白日粮		—	10~60	
舍内饲养				
环境改善	舍内喷淋	—	10~20	夏季可降温增湿，但喷嘴易堵塞，温湿度难以控制
	生物基过滤	10~20	60~80	被处理的气体通过生物基过滤，将氨气和温室气体转化
	空气净化过滤收集	0~10	40~80	通过软酸性水等吸收和处理排出空气
粪污收集	发酵床	—	30~60	通过垫料吸收尿液和粪便，减少粪便中氮素水解成氨气排放
	固液分离	30~50	40~50	通过固液分离方式将固体和液体粪便及时清理出舍外进行处理减排

(续表)

生产环节	减排技术	减排潜力(%) 温室气体	减排潜力(%) 氨气	技术特点
清粪工艺	漏缝/半漏缝地板	—	10~40	减少粪便在实体地面暴露时间
	传送带或V形刮板	30~50	10~40	通过固液分离方式将固体和液体粪便及时清理出舍外进行处理减排
	提高清粪频率	30~50	10~70	节省人工成本,操作简单,但一次性投资大,运行和维护费用高
	添加微生物菌剂	30~50	30~90	抑制CH_4菌和氨气的生成
粪污处理				
固体粪污	好氧堆肥	20~50	10~80	通过好氧发酵方式减少CH_4排放,堆肥过程中臭气集中统一处理
	堆肥添加剂	10~30	30~70	提高孔隙率和吸附性,减少温室气体和氨气排放
	覆盖	30~50	30~100	气体收集利用或处理实现减排
液体粪污	酸化	30~60	50~90	成本较低,可有效保持粪污中的氮素但易腐蚀设备,且易造成粪污起泡膨胀
	添加微生物菌剂	20~50	10~90	通过微生物作用将氨气和温室气体转化减排
粪肥还田				
	注入式施肥	10~20	70~90	能提高粪肥肥效,促进植物根部生长,但人工或机械成本高
	施用后覆土	10~20	40~80	能提高粪肥肥效,促进植物根部生长,但人工或机械成本高

为2022年河北发布的地方标准《蛋鸡养殖场减氨除臭技术规程》（DB1304/T 387—2022），主要用于降低蛋鸡场氨气等臭气排放，包括饲养管理、低蛋白日粮配制、高压微雾喷淋减氨除臭技术、鸡粪条垛式喷酸堆肥技术。全国畜牧总站印发了《规范畜禽粪污处理降低养分损失技术指导意见》，给出低蛋白日粮配方技术、优化畜舍清粪技术、生物发酵床养殖技术、圈舍排出空气净化技术、液体粪污覆盖贮存技术、液体粪污酸化贮存技术、固体粪污密闭沤肥技术、堆肥生物基除臭技术、液体粪肥覆盖式施用技术等10项技术，用于规范畜禽粪污处理，降低养分损失，协同推进氨气等臭气减排，降低粪污处理环节温室气体排放。

（五）气体管控类标准存在的问题

1. 缺乏关键急需的国家标准

通用类国家标准制定缓慢，目前只发布了1项涉及畜牧业减排固碳的国家标准，即由全国畜牧业标准化委员会（SAC/TC 274）发布的《反刍动物甲烷排放量的测定 六氟化硫示踪—气相色谱法》（GB/T 32760—2016）。此外，归口于全国碳排放管理标准化技术委员会已立项正等待发布的国家标准有1项，即《温室气体排放核算方法与报告指南 畜禽规模养殖企业》；2023年度全国畜牧业标准化技术委员会通过申报，目前有4项国家标准通过全国标准化技术委员会立项，包括《畜产品碳足迹核算和报告指南》《畜禽液体粪污温室气体排放监测方法》《刈牧草地固碳技术规范》和《基于项目的温室气体减排量评估技术规范 反刍动物饲喂优化》4项畜牧业绿色低碳类标准，上述4项减排固碳类国家标准的立项制定，完善了畜牧业气体管控标准子体系；但目前国家标准中还是主要关注畜牧业生产为主，专门针对畜禽粪污资源化利用相关的气体管控类标准较为缺乏，对支撑畜禽粪污资源化利用与气体减排协同作用突显不足。

2. 实际操作中核心参数有待完善

标准限量要求合理性有待商榷。对于生猪、蛋鸡、肉鸡等规模养殖场而言，不考虑减排技术成本，通过在饲料、饲养管理、粪污处理等各环节运用减排技术，能在某些特定时段满足DB44/613—2024中臭气浓度的排放要求，但在多数时候无法满足标准要求。而且，GB 18596—2001从发布到实施，间隔1年；GB 14554—1993从发布到实施，间隔近半年；GB 3095—2012从发布到实施，间隔近4年；而DB44/613—2024从发布到实施，间隔不足3个月。作为规范行业有序生产的强制性标准，应该充分考虑发布实施后对于现有行业生产的影响，区分对于现有畜禽养殖场和新建养殖场的排放要求，并给出生产提升改善的时间，确保行业生产主体能根据自身现状及时调整生产计划。

标准要求过于笼统。涉及臭气排放量的标准大都为强制标准，一旦发布实施，对于畜禽养殖生产活动影响很大，但现行关键标准中，关于臭气浓度的要求过于笼统，影响生产中充分运用和执行标准。比如，对于舍内、养殖场内、场外一定范围的臭气浓度应给出不同的排放要求；对于养殖场所在地不同地貌、以及不同气候条件采样等的臭气浓度，给出不同的排放要求；同时，不仅要统一臭气采样方法标准，还应该考虑气体移动性等特征，给出采样后如何客观合理给出臭气平均浓度的标准。

三、气体管控类重点标准

当前，畜禽养殖气体管控类现行有效的标准数量较少，以《畜禽养殖场温室气体排放核算方法》（NY/T 4243—2022）为例，以期为读者进一步了解和应用此类标准提供参考。

（一）标准的起草背景

不同行业的温室气体排放核算是碳达峰、碳中和的基础性工作。国家"十三五"规划《纲要》提出的"有效控制温室气体排放，实行重点单位碳排放报告、核查、核证和配额管理制度。健全统计核算、评价考核和责任追究制度，完善碳排放标准体系"。《第十四个五年规划和2035年远景目标纲要》中明确指出，要加大CH_4、氢氟碳化物、全氟化碳等其他温室气体控制力度，提升农业生产适应气候变化能力；对畜禽养殖场进行温室气体排放核算方法的标准化研究，是贯彻落实"十四五"规划，控制CH_4等非二氧化碳排放的重要内容。《中共中央 国务院关于深入打好污染防治攻坚战的意见》指出，将温室气体管控纳入环评管理；《减污降碳协同增效实施方案》要求，强化非二氧化碳温室气体的管控；《甲烷排放控制行动方案》规定，重点管控行业CH_4的减排目标，管控措施，政策管理和技术标准体系等要求；《重点行业建设项目环境影响评价中甲烷管控技术指南（试行）》中，畜禽规模养殖场是环评对象之一。该标准用于畜禽养殖场科学测算温室气体排放状况，为研判其温室气体主要来源提供了方法依据，同时也为主管部门建立并实施重点企业温室气体报告制度奠定了方法基础。

（二）标准的核算对象和核算边界

该标准以养殖场为研究对象，核算的排放源类别包括化石燃料燃烧二氧化碳排放、畜禽肠道发酵CH_4排放、畜禽粪污管理CH_4和N_2O排放、畜禽粪污沼气处理CH_4回收减排、净购入电力和热力等导致的二氧化碳排放。

该标准适用于畜禽养殖场温室气体排放量的核算，以畜禽养殖为主的独立法人或视同法人的养殖场可按照该标准提供的方法核算温室气体排放量,并编制养殖场温室气体排放报告。

根据《2006年IPCC国家温室气体清单指南》,畜禽本身产生的温室气体排放包括肠道发酵产生的CH_4排放,排泄的粪污管理过程中产生的CH_4和N_2O排放,以及养殖场范围内各种能源电力消费产生的排放。核算边界以畜禽养殖场为物理边界,包括主要生产系统,含畜禽饲养与管理、场内饲料加工和粪污处理等;辅助生产系统,含配电房、机修车间、库房和场内运输设施设备等;附属生产系统,含办公、生活区等。核算边界见图12所示。

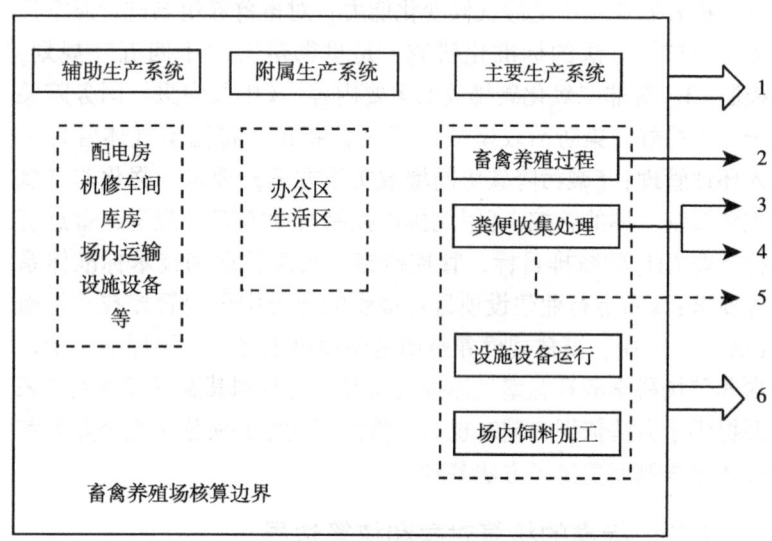

1—化石燃料燃烧排放;　　　2—畜禽肠道发酵甲烷排放;
3—畜禽粪污管理甲烷排放;　4—畜禽粪污管理氧化亚氮排放;
5—沼气甲烷回收利用;　　　6—净购入电力和热力产生的排放。

图12　畜禽养殖场温室气体核算边界图

注:上图中各项标引所指边界表明该边界范围内存在该类排放。

标准中规定的核算期限以年为单位,通常按照365天计算,对于新建养殖场或未全年运行的养殖场,实际计算时可以将按照该文件计算的结果,乘以1年内实际天数后再除以365天获得。核算边界内的各种化石燃料燃烧二氧化碳排放、动物肠道发酵CH_4排放、畜禽粪污管理CH_4排放、畜禽粪污管理N_2O排放、净购入电力和热力二氧化碳排放,同时减去畜禽粪污沼气处理CH_4回收利用产生的减排量。

该标准的具体内容详见该标准文本。

四、气体管控类标准建设设想

(一) 加快推动气体管控类标准制定的有关建议

一是加强标准系统性总体规划。在国家、行业层面推进畜禽粪污资源化利用气体管控类标准化工作,系统构建畜禽粪污资源化利用气体管控类标准子体系框架,实现标准体系总体布局的科学、系统和平衡,强化标准体系的统一性、完整性、层次性、协调性和可拓展性。依托全国畜牧业标准化技术委员会,并与相关行业主管部门和相关标准化技术委员会做好衔接,对标准统一规划、归口管理,形成体系完整、结构合理、层次清晰、专业协调、内容全面的组织体系。加强畜禽粪污资源化利用气体管控类系列标准与畜禽粪污资源化利用、农业农村减排固碳、大气污染治理等相关法律法规及政策相衔接,为畜禽粪污资源化利用与减排增效的技术应用、评估认证、碳交易等标准化提供理论指导和技术支撑。

二是加快关键领域标准制定与实施。加快基础性、通用性标准制定,推进畜禽粪污资源化利用气体管控相关的温室气体、氨气臭气等核算、监测标准出台,制定畜禽养殖粪污管理相关的温室气体、氨气臭气等排放源、减排源的监测评价技术规范、温室气体和氨气减排核算评价及报告编制指南等，实现畜禽养殖废弃物管理过程中温室气体减排与碳交易、畜禽粪污减排设施减排效果评价等"有标可依"。

三是培育畜禽粪污气体管控类标准化人才。面向畜禽粪污资源化利用科技前沿、畜牧业绿色低碳发展的重大战略需求、畜牧业高质量发展主战场，培养一批复合型人才，培育具有畜牧业绿色低碳科研攻关和标准化能力的专业人才，为助力畜牧业减排降碳和绿色可持续发展，提供科技人才保障和智力支持。

四是加强气体管控类标准国际化拓展。与领域内国际、国外先进技术标准进行对标对表，推进中外标准协调一致，推动合格评定合作和互认，提高标准水平与应用效能，为对外贸易合作做好有效衔接，增强国际话语权。积极跟踪国际标准，参与国际区域标准化活动，加强标准信息共享，拓展标准化交流合作，积极参与国际畜牧业碳排放、碳足迹等核算方法研究，参与畜牧业领域碳定价机制和绿色金融标准体系构建。

五是提升气体管控类标准的社会参与度和认知度。通过政策法规、主体培育、宣传培训等多种方式，调动广大农民、市场主体、社会公众参与的积极性。加强气体管控类标准的科学普及，开发一批公众喜闻乐见的科普作品，让公众了解养殖场臭气浓度与气体达标的关系，提高公众认知和意识；倡导绿色低碳生产生活方式，增加节约意识、生态保护意识。

（二）畜禽养殖业气体管控类标准制修订建议

根据温室气体和氨气管控标准的目标不同，结合工作进度，两类标准要制修订的标准各有侧重，这两类子体系各设有3个三级指标，其中温室气体主要包括核算方法、减排技术和碳足迹碳交易3个三级指标体系，恶臭气体包括环境质量要求、减控技术规程和减控核算方法3个三级指标体系。

当前，我国在畜禽粪污资源化利用气体管控方面标准还处于起步阶段，目前主要缺少温室气体和臭气管控的减排技术类标准以及气体管控减排核算和核查类的技术标准；基于畜牧业绿色低碳发展等要求，对于构建气体管控标准体系，建议制定国家和行业标准21项，其中现行有效的标准4项，全部为行业标准，已立项正在制定的标准4项，建议制定的行业标准或国家标准13项；综合考虑畜牧业减污降碳和环境质量管理等要求，气体管控标准体系建设清单与各个标准的主要用途详见表24。

表 24 畜牧业气体管控类标准建议制修订列表（包含国家标准和行业标准）

第二层级	第三层级	标准号	标准名称	标准性质	主要用途
温室气体	核算方法	NY/T 4243—2022	畜禽养殖场温室气体排放核算方法	推荐性	核算养殖场尺度的温室气体排放总量
		RB/T 127—2022	奶牛养殖企业温室气体排放核算方法与报告指南	推荐性	核算奶牛场温室气体排放量
			温室气体排放核算方法与报告指南 畜禽规模养殖企业	推荐性	养殖场温室气体排放核算和核查方法
			畜牧业温室气体清单编制指南	推荐性	国家或省级畜牧业温室气体排放量计算方法
	减排技术	RB/T 076—2021	种养殖温室气体减排技术评价规范	推荐性	种养业温室气体减排技术评估方法
			畜禽养殖场温室气体减排技术规范	推荐性	养殖场尺度主要减排技术要求
			基于项目的温室气体减排量评估技术规范 反刍动物饲喂优化	推荐性	从项目层面核算饲料优化后的 CH_4 减排效果评估方法
			畜禽粪污能源化利用温室气体减排技术规范	推荐性	粪污能源化利用温室气体减排技术要求
			粪便堆肥减排技术规范	推荐性	粪堆肥料化利用气体减排技术
			养殖污水深度处理减排技术规范	推荐性	污水深度处理气体肠道减排技术要求
	碳足迹碳交易		畜禽养殖场肠道 CH_4 减排核算方法	推荐性	从养殖场层面核算肠道减排量的方法
			畜产品碳足迹核算和报告指南	推荐性	制定畜产品碳足迹核算和报告方法
			畜牧业减排量核查方法	推荐性	畜牧业减排技术应用核查技术规范
			畜禽养殖企业温室气体减排量核证方法	推荐性	养殖场减排技术应用后的实际减量评估方法

（续表）

第二层级	第三层级	标准号	标准名称	标准性质	主要用途
恶臭气体	质量要求	NY/T 388—1999	畜禽环境质量标准	推荐性	养殖场区和养殖舍气体环境质量要求
	技术规范		畜禽养殖氨气排放量计算方法	推荐性	养殖场内的氨气排放量计算
			畜禽养殖气体排放量计算方法 第3部分：臭气（氨气之外）	推荐性	养殖场内的臭气排放量计算
			畜禽养殖臭气减控技术规范	推荐性	养殖场臭气减排技术要求
			规模化畜禽养殖场氨气排放控制和减排技术指南	推荐性	养殖场氨气控制和减排技术要求
			畜禽粪污发酵气体减排技术规范	推荐性	粪污厌氧和好氧发酵气体减排技术要求
	核算方法		规模化畜禽养殖场氨气减排技术效果核算技术指南	推荐性	养殖场氨气减排技术效果核算方法
			规模化畜禽养殖臭气减控技术评估技术规范	推荐性	养殖场臭气减排技术效果评估方法

第五章　检测方法类标准

检测是进行基础研究、开发新技术和推进科学发展的重要手段。对于环境管理来说，检测样品可以分析环境中的各种化学物质及其浓度，监测环境污染状况和生态变化趋势，对于环境监测、污染治理和环境保护具有重要作用。同时，监测结果能为农业农村部门或生态环境部门提供科学依据和技术支持，帮助制定有效的污染治理和绿色发展的政策措施。为了确保样品检测结果的科学性、可比性和可追溯性等，需要建立统一的检测方法标准。

一、畜牧业环境指标检测工作现状

(一) 开展环境指标监测的目的

一般来说，环境监测的目的有 3 个方面，一是执行有关环境保护法规和卫生法规，通过监测检验和判别畜禽养殖过程中排放的相关污染物浓度或排放量是否符合国家标准，检验和判别环境质量是否达到国家标准的要求。二是加强企业管理，提高环保设施能力，通过监测明晰畜禽养殖舍环境控制设施、废弃物处理环保设施运行效果，以便采取措施和管理对策，达到减少污染、保护环境的目的。三是为了开展科学研究或为环境质量评价提供依据，开展环境科学的研究或进行环境质量评价都需要通过环境监测提供必要的数据,来掌握污染物运动的规律性。

畜禽养殖环境检测是畜禽养殖污染防治工作的基础,是畜禽养殖环境质量、畜禽粪污污染状况调查以及突发性畜禽养殖污染事故的支撑性技术,而监测方法又是实施畜禽养殖环境监测最基础性的技术文件。在畜禽养殖过程中,随着动物呼吸和粪尿排泄,在舍内都会产生有毒有害气体,如氨气、硫化氢、二氧化碳、CH_4等,这些气体是影响畜禽健康生长的关键因子,为确保畜禽在舍内具有适宜的生长环境,需要对影响动物生长的气体的浓度进行规定。在粪污处理和利用过程中,由于畜禽排泄的粪污成分复杂,不仅含有氮、磷、钾、有机质等养分元素,还包括大肠杆菌、蛔虫卵等病原微生物,铜、锌、砷、铅、镉等重金属,以及四环素类、磺胺类、大环内酯类、喹诺酮类等抗生素,为了确保畜禽粪污得到科学规范处理、安全利用,必须通过标准对关键参数进行规定,以确保空气质量达标、粪肥安全利用和环境生态安全,而相关标准中规定的各种参数值都需要对应的检测方法标准。

从科技发展和环境管理来看,开展畜禽养殖环境检查主要有以下2类。一是开展研究性监测,也就是科研监测。主要针对特定目的科学研究而进行的高层次监测。进行这类监测事先必须制定周密的研究计划,并联合多个部门、多个学科协作共同完成。按监测介质或对象分类:

(1) 污水样品监测:分为水环境质量监测和废水监测,水环境质量监测包括地表水和地下水。监测项目包括理化污染指标、重金属、抗生素及有关卫生学指标。

(2) 空气样品检测:分为空气环境质量监测和污染源监测。空气监测时常需测定风向、风速、气温、气压、湿度等气象参数。

(3) 固体样品监测:包括畜禽粪便、无害化处理后的畜禽粪肥、垫料，主要监测项目是固体废弃物的危险特性和生活垃圾特性，也包括有毒有害物质的组成含量测定和毒理学实验。

(4) 生物监测与生物污染监测：生物监测是利用生物对环境污染进行监测。生物污染监测则是利用各种检测手段对生物体内的有毒有害物质进行监测，监测项目主要为重金属元素、有害非金属元素、农药残留和其他有毒化合物。

二是开展特定目的监测，如污染调查、应急监测等。主要包括如下类型：

(1) 污染事故监测：是指污染事故对环境影响的应急监测，这类监测常采用流动监测（车、船等）、简易监测、低空航测、遥感等手段。

(2) 纠纷仲裁监测：主要针对污染事故纠纷、环境执法过程中所产生的矛盾进行监测，这类监测应由国家指定的、具有质量认证资质的部门进行，以提供具有法律责任的数据，供执法部门、司法部门仲裁。

(3) 考核验证监测：主要指政府目标考核验证监测，包括环境影响评价现状监测、排污许可证制度考核监测、"三同时"项目验收监测、污染治理项目竣工时的验收监测、污染物总量控制监测、城市环境综合整治考核监测。

(4) 咨询服务监测：为社会各部门、各单位等提供的咨询服务性监测，如畜禽养殖场环境影响评价监测、畜禽场环境质量、环境评价及资源开发保护所需的监测。

（二）畜禽养殖环境监测现状

为配合我国在畜禽养殖环境管理和污染防治的政策法规实施，有关行业主管部门陆续制定和发布了一系列畜禽养殖业污染防治标准、规范，从养殖场的选址、规模、工程设计、环境卫生、综合利用、污染物排放标准等方面提出了畜禽养殖污染防治技术指导和约束性要求。自2000年以来，我国陆续出台了《畜禽养殖业污染物排放标准》（GB 18596—2001）、《畜禽养殖业污染防治技术规范》（HJ/T 81—2001）、《规模化畜禽养殖场沼气工程设计规范》（NY/T 1222）、《畜禽养殖业污染治理工程技术规范》（HJ 497—2009）、《畜禽粪便还田技术规范》（GB/T 25246—2010）、《农业固体废弃物污染控制技术规范》（HJ 588—2010）、《沼肥施用技术规范》（NY/T 2065—2011）、《畜禽养殖污水贮存设施设计要求》（GB/T 26624—2011）、《有机肥料》（NY/T 525—2021）、《粪便无害化卫生要求》（GB 7959—2012）、《畜禽养殖污染防治最佳可行技术指南（试行）》（HJ-BAT-10）、《畜禽粪便无害化处理技术规范》（GB/T 36195—2018）《肥料中有毒有害物质的限量要求》（GB 38400—2019）、《排污许可证申请与核发技术规范 畜禽养殖行业》（HJ 1029—2019）等技术标准规范，上述相关技术标准规范中涉及畜禽养殖环境和废弃物管理各类指标参数的具体要求，相关标准及规定的环境管理参数及依托的监测方法如表25所列。

目前，共有6项国家标准和7项行业标准中涉及畜禽养殖环境、畜禽粪便无害化处理和养殖环境管理相关的参数，主要包括以下5类参数：

一是空气环境质量参数，主要包括空气细菌总数、总粉尘浓度（TSP）、可吸入颗粒物浓度（PM10）、氨气、硫化氢、二氧化碳、恶臭（臭气浓度）7种指标；涉及的测定方法有11种标准。

二是卫生学指标参数，主要包括粪便含水率、粪大肠杆菌数、蛔虫卵死亡数、寄生虫卵沉降率、钩虫卵和血吸虫卵数6种指标，涉及相关监测方法标准8种。

三是相关的水质指标参数，主要包括溶解性总固体、化学需

表 25 畜牧环境相关国家和行业标准规定的相关参数与检测方法标准

标准名称	标准号	标准类型	相关参数	监测方法标准号
畜禽粪便无害化处理技术规范	GB/T 36195—2018	国家标准	蛔虫卵	GB/T 19524.2
			粪大肠菌群数	GB/T 19524.1
			钩虫卵	GB 7959
畜禽养殖业污染物排放标准	GB 18596—2001	国家标准	五日生化需氧量	GB/T 7488—1987
			化学需氧量	GB/T 11914—1989
			悬浮物	GB/T 11901—1989
			氨氮	GB/T 7479—1987
			总磷	GB/T 7481—1987
			粪大肠菌群数	GB 7579—2012
			蛔虫卵	GB/T 5750—1985
			蛔虫卵死亡率	GB/T 19524.2
			寄生虫卵沉降率	GB 7959—1987
			臭气浓度	GB/T 14675
肥料中有毒有害物质的限量要求	GB 38400—2019	国家标准	总镉、总汞、总砷、总铅、总铬	GB/T 23349
			蛔虫卵死亡率	GB/T 19524.2
			粪大肠菌群数	GB/T 19524.1

(续表)

标准名称	标准号	标准类型	相关参数	监测方法标准号
农用沼液	GB/T 40750—2021	国家标准	酸碱度（pH值）	GB/T 6920
			蛔虫卵死亡率	GB/T 19524.2
			臭气排放浓度	GB/T 14675
			总养分	NY/T 1977, NY/T 2540
			有机质	NY 525
			腐植酸	NY/T 1971
			粪大肠杆菌	GB 7579—2012
			总砷、总镉、总铬、总铅、总汞	GB/T 23349
			总盐浓度	GB 17323
畜禽粪便还田技术规范	GB/T 25246—2010	国家标准	粪大肠菌值	GB 7959—1987
			蛔虫卵死亡率	GB 7959—1987
			寄生虫卵沉降率	GB 7959—1987
			钩虫卵数	GB 7959—1987
			血吸虫卵数	GB 7959—1987
			总砷	GB/T 17134
			铜、锌	GB/T 17138

（续表）

标准名称	标准号	标准类型	相关参数	监测方法标准号
有机无机复混肥料	GB/T 18877—2020	国家标准	总氮	GB/T 17767.1，GB/T 22923—2008
			有效五氧化二磷	GB/T 15063—2020，GB/T 8573
			总氧化钾	GB/T 17767.3
			碳酸氢铵等挥发性物质	GB/T 8577
			粒度	GB/T 24891
			蛔虫卵死亡率	GB/T 19524.2
			粪大肠菌群	GB/T 19524.1
			砷、镉、铅、铬、汞	GB/T 24890—2010，NY/T 1117
			氯离子	GB/T 23349，NY/T 1978
			钠离子	NY/T 1972
			缩二脲	GB/T 22924
			粪大肠菌群	GB/T 19524.1
			蛔虫卵	GB/T 19524.2
			钩虫卵	GB 7959

(续表)

标准名称	标准号	标准类型	相关参数	监测方法标准号
畜禽养殖产地环境评价规范	HJ 568—2010	国家标准	水污染物监测	
			悬浮物	GB 11901
			五日生化需氧量	HJ 505
			化学需氧量	GB 11914, HJ/T 399
			凯氏氮	GB 11891
			总磷	GB 11893
			阴离子表面活性剂	GB 7494
			氰化物	GB 11896, HJ/T 343
			全盐量	HJ/T 51, GB 11890, GB/T 5750.8, HJ/T 50, GB/T 5750.8
			镉	GB 7475, GB 7471
			锌	GB 7472, GB 7475
			铅	GB 7475, GB/T 7470, GB/T 13896
			铜	GB 7475, HJ 485, HJ 486
			汞	GB 7468, GB 7469

（续表）

标准名称	标准号	标准类型	相关参数	监测方法标准号
畜禽养殖产地环境评价规范	HJ 568—2010	国家标准	铬（Ⅳ）	GB 7467
			砷	GB 7485
			粪大肠菌群数	HJ/T 347
			蛔虫卵数	GB 8172
			溶解性总固体	GB/T 5750.4
			总大肠菌群	GB/T 5750.12
			土壤监测	
			镉	GB/T 17140, GB/T 17141
			汞	GB/T 17136
			砷	GB/T 17134, GB/T 17135
			铜	GB/T 17138
			铅	GB/T 17140, GB/T 17141
			铬	HJ 491
			锌	GB/T 17138
			寄生虫卵数	GB 7959
			环境空气监测	
			氨气	GB/T 14669, HJ 533, HJ 534
			硫化氢	GB/T 14678
			二氧化碳	GB/T 18204.24
			恶臭	GB/T 14675

（续表）

标准名称	标准号	标准类型	相关参数	监测方法标准号
畜禽场环境质量标准	NY/T 388—1999	行业标准	氨气	GB/T 14668—1993
			硫化氢	中国环境监测总站《污染源统一监测分析方法》（废气部分），标准出版社，1985
			二氧化碳	《水和废水监测分析方法》（第3版），中国环境科学出版社，1989
			PM10	GB/T 6920—1986
			TSP	GB/T 15432—1995
			恶臭	GB/T 14675—1993
			空气 细菌总数	GB/T 5750—1985
			粪便含水率	GB 2930—1982
			大肠菌群	GB/T 5750—1985
			水质 细菌总数	《水和废水监测分析方法》（第3版），中国环境科学出版社，1989
			pH	GB/T 6920—1986
			铅	GB/T 7475—1987, GB/T 7470—1987
			铬	GB/T 7467—1987

（续表）

标准名称	标准号	标准类型	相关参数	监测方法标准号
有机肥料	NY/T 525—2021	行业标准	总镉、总汞、总砷、总铅、总铬	NY/T 1978
			蛔虫卵死亡率	GB/T 19524.2
			粪大肠菌群数	GB/T 19524.1
			有机质	标准附录方法
			总养分	标准附录方法
			水分	GB/T 8576
			酸碱度（pH）	标准附录方法
			种子发芽指数	标准附录方法
畜禽场环境质量及卫生控制规范	NY/T 1167—2006	行业标准	粪便含水率	GB/T 3543.2—1995
			NH_3	GB/T 14668—93
			H_2S	GB/T 11060.1—1998
			CO_2	《水和废水监测分析方法》（第3版），中国环境科学出版社，1989
			PM10	GB 6921—86
			TSP	GB 15432—1995

（续表）

标准名称	标准号	标准类型	相关参数	监测方法标准号
畜禽场环境质量及卫生控制规范	NY/T 1167—2006	行业标准	空气 细菌总数	GB 5750—85
			恶臭	GB/T 14675—93
			水质 细菌总数	GB 5750—85
			水质 大肠杆菌	GB 5750—85
			pH	GB 6920—86
			溶解性总固体	GB 5750—85
			铅	GB 7475—87
			铬（Ⅵ）	GB 7467—87
			生化需氧量	GB 7488—87
			化学需氧量	GB 11914—89
			溶解氧	GB 7489—87
			蛔虫卵	GB 7959—87
			氟化物	GB 7484—87
			总锌	GB 7475—87
			土壤 镉	GB/T 17141—1997
			土壤 砷	GB/T 17134—1997

(续表)

标准名称	标准号	标准类型	相关参数	监测方法标准号
畜禽场环境质量及卫生控制规范	NY/T 1167—2006	行业标准	土壤 铜	GB/T 17138—1997
			土壤 铅	GB/T 17141—1997
			土壤 铬	GB/T 17137—1997
			土壤 锌	GB/T 17138—1997
			土壤 细菌总数	GB 5750—85
			土壤 大肠杆菌	GB 5750—85
畜禽粪便安全使用准则	NY/T 1334—2007	行业标准	粪大肠菌值	GB 7959
			蛔虫卵死亡率	GB 7959
			寄生虫卵沉降率	GB 7959
			钩虫卵数	GB 7959
			血吸虫数	GB/T 17134
			总砷	GB/T 17138
			铜、锌	GB 7959
畜禽粪水还田技术规程	NY/T 4046—2021	行业标准	粪大肠菌群数	GB 7959
			蛔虫卵死亡率	GB 7959
			汞、砷、镉、铅、铬	GB 38400

（续表）

标准名称	标准号	标准类型	相关参数	监测方法标准号
排污单位自行监测技术指南 畜禽养殖企业	HJ 1252—2022	行业标准	化学需氧量	未规定具体依据的方法
			氨氮	
			总氮	
			总磷	
			悬浮物	
			五日生化需氧量	
			粪大肠杆菌	

氧量、生化需氧量、悬浮物、pH、凯氏氮、氨氮、溶解氧、氯化物、钠离子 10 种指标，涉及相关的监测方法类标准有 15 种。

四是相关的粪肥养分指标参数，主要包括腐植酸、有机质、有效五氧化二磷、总氮、总磷、总养分、总氧化钾、全盐量 8 种，涉及相关的监测方法类标准有 16 种。

五是相关的污水和粪便中有害物质的指标参数，主要包括氟化物、缩二脲、铜、锌、铅、铬、镉、砷、汞 9 类参数，涉及的监测方法类标准有 20 种。

二、检测方法类标准现状

（一）检测方法类标准基本情况

目前，我国现行的与畜牧业环境相关的检测方法标准共计 23 项，如表 26 所示。其中，国家标准 6 项、行业标准 17 项，从分类上来看，监测技术规程类标准 6 项，包括 2 项国家标准和 4 项行业标准；样品分析方法类标准 17 项，包括国家标准 4 项，行业标准 13 项。

（二）检测方法类标准的主要作用

检测方法类标准的主要作用是为了规范和统一畜牧业环境相关的监测和检测工作。相关的标准规定了具体采样技术规范、检测方法、程序和技术要求，确保样品采集的代表性、检测结果的准确性和可比性。遵循这些标准有助于提高畜牧业环境监测的科学性和有效性，为制定相关的环境管理政策提供数据支撑。

第五章 检测方法类标准

表 26 现行畜牧业检测方法相关标准

标准号	标准名称	监测（检测）指标	发布年份	提出单位	适用范围	主要内容
			国家标准			
GB/T 11893—89	水质 总磷的测定 钼酸铵分光光度法	总磷	1989		地面水、污水和工业废水	规定了用过硫酸钾（或硝酸-高氯酸）为氧化剂，将未经过滤的水样消解，用钼酸铵分光光度法测定总磷的方法
GB/T 24875—2010	畜禽粪便中铅、镉、铬、汞的测定 电感耦合等离子体质谱法	铅、镉、铬、汞	2010	农业部	畜禽粪便样品中 Pb、Cd、Cr、Hg 含量的测定	规定了畜禽粪便中铅（Pb）、镉（Cd）、铬（Cr）、汞（Hg）的电感耦合等离子体质谱（ICP-MS）测定方法
GB/T 24876—2010	畜禽养殖污水中七种阴离子的测定 离子色谱法	F^-、Cl^-、NO_2^-、Br^-、NO_3^-、SO_4^{2-} 和 PO_4^{3-}	2010	农业部	畜禽养殖污水中 F^-、Cl^-、NO_2^-、Br^-、NO_3^-、SO_4^{2-} 和 PO_4^{3-} 7 种阴离子的同步测定	规定了离子色谱测定畜禽养殖污水中氟离子（F^-）、氯离子（Cl^-）、亚硝酸根离子（NO_2^-）、溴离子（Br^-）、硝酸根离子（NO_3^-）、硫酸根离子（SO_4^{2-}）和磷酸根离子（PO_4^{3-}）7 种阴离子的方法

(续表)

标准号	标准名称	监测（检测）指标	发布年份	提出单位	适用范围	主要内容
GB/T 32760—2016	反刍动物 CH_4 排放量的测定 六氟化硫示踪气相色谱法	CH_4、六氟化硫	2016	农业部	牛、羊和骆驼等反刍动物	规定了反刍动物 CH_4 排放量的六氟化硫示踪气相色谱测定法
GB/T 25169—2022	畜禽粪便监测技术规范		2022	农业农村部	畜禽粪便收集、处理和资源化利用过程的监测	规定了畜禽粪便监测方案制定、监测项目、样布点、样品采集、品运输和交接、备和保存以及质量控制等技术要求，描述了畜禽粪便监测的试验方法和证实方法
GB/T 27522—2023	畜禽养殖污水监测技术规范		2023	农业农村部	畜禽养殖污水资源化利用、达标排放和农田灌溉的监测	规定了畜禽养殖污水的监测方案制定、监测项目、采样布点、样品采集、样品运输、交接、保存、质量控制等技术要求，描述了畜禽养殖污水监测的试验方法和证实方法

· 204 ·

（续表）

标准号	标准名称	监测（检测）指标	发布年份	提出单位	适用范围	主要内容
行业标准						
HJ 905—2017	恶臭污染环境监测技术规范		2017	中国环境监测总站、天津市环境监测中心	采用实验室分析方法进行环境空气、有组织排放源和无组织排放源排放的恶臭污染监测	规定了环境空气及各类恶臭污染源（包括水域）以不同形式排放的恶臭污染的监测技术
HJ 91.1—2019	污水监测技术规范		2019	中国环境监测总站	采用手工方法对排污单位污水进行监测的活动	规定了污水手工监测的监测方案制定、采样点位、监测采样、样品保存、运输和交接、监测项目与分析方法、数据处理、质量保证与质量控制等技术要求

· 205 ·

（续表）

标准号	标准名称	监测（检测）指标	发布年份	提出单位	适用范围	主要内容
HJ 1252—2022	排污单位自行监测技术指南 畜禽养殖行业		2022	生态环境部生态环境监测司，法规与标准司	畜禽养殖行业排污单位在生产运行阶段对其排放的水、气污染物、噪声以及对周边环境质量影响开展自行监测	规定了畜禽养殖行业排污单位自行监测的一般要求，监测方案制定、信息记录和报告的基本内容及要求
HJ 1262—2022	环境空气和废气 臭气的测定 三点比较式臭袋法	臭气	2022	生态环境部生态环境监测司，法规与标准司	环境空气、无组织排放监控点空气和固定污染源废气样品中臭气的测定	规定了测定环境空气及各类恶臭污染源（包括水域）以不同形式排放的臭气的三点比较式臭袋法
HJ 347.2—2018	水质 粪大肠菌群的测定 多管发酵法	粪大肠菌群	2018	生态环境部生态环境监测司，法规与标准司	地表水、地下水、生活污水和工业废水中粪大肠菌群的测定	规定了测定水中粪大肠菌群的多管发酵法
HJ 775—2015	水质 蛔虫卵的测定 蛔虫卵的沉淀集卵法	蛔虫卵	2015	环境保护部科技标准司	地表水和废水中蛔虫卵的测定	规定了测定水中蛔虫卵的沉淀集卵法

(续表)

标准号	标准名称	监测（检测）指标	发布年份	提出单位	适用范围	主要内容
HJ 505—2009	水质 五日生化需氧量（BOD5）的测定 稀释与接种法	生化需氧量	2009	环境保护部科技标准司	地表水、工业废水和生活污水中五日生化需氧量（BOD5）的测定	规定了测定水中五日生化需氧量（BOD5）的稀释与接种的方法
HJ 828—2017	水质 化学需氧量的测定 重铬酸钾法	化学需氧量	2017	环境保护部环境监测司、科技标准司	地表水、生活污水和工业废水中化学需氧量的测定	规定了测定水中化学需氧量的重铬酸盐法
HJ/T 195—2005	水质 氨氮的测定 气相分子吸收光谱法	氨氮	2005	环境保护总局科技标准司	适用于地表水、地下水、海水、饮用水、生活污水及工业污水中氨氮的测定	规定了地表水及污水中氨氮的气相分子吸收测定方法
HJ 535—2009	水质 氨氮的测定 纳氏试剂比色法	氨氮	2009	环境保护部科技标准司	地表水、地下水、生活污水和工业废水中氨氮的测定	规定了测定水中氨氮的纳氏试剂分光光度法

（续表）

标准号	标准名称	监测（检测）指标	发布年份	提出单位	适用范围	主要内容
HJ 536—2009	水质 氨氮的测定 水杨酸分光光度法	氨氮	2009	环境保护部科技标准司	地下水、地表水、生活污水和工业废水中氨氮的测定	规定了测定水中氨氮的水杨酸分光光度法
HJ 537—2009	水质 氨氮的测定 蒸馏-中和滴定法	氨氮	2009	环境保护部科技标准司	生活污水和工业废水中氨氮的测定	规定了测定水中氨氮的蒸馏-中和滴定法
HJ/T 55—2000	大气污染物无组织排放监测技术导则	—	2000	环境保护局科技标准司	对大气污染物无组织排放进行的监测	对大气污染物无组织排放监控点设置方法、监测气象条件的判定和选择、监测结果的计算等作出规定和指导
HJ 671—2013	水质 总磷的测定 流动注射-钼酸铵分光光度法	总磷	2013	环境保护部科技标准司	地表水、地下水、生活污水和工业废水中总磷的测定	规定了测定水中总磷的流动注射-钼酸铵分光光度法

(续表)

标准号	标准名称	监测（检测）指标	发布年份	提出单位	适用范围	主要内容
NY/T 4363—2023	畜禽固体粪污中铜、锌、砷、镉、铬、铅、汞的测定 电感耦合等离子体质谱法	铜、锌、砷、镉、铬、铅、汞	2023	农业农村部畜牧兽医局	畜禽固体粪污中铜、锌、砷、镉、铬、铅、汞的测定	描述了畜禽固体粪污中铜、锌、砷、镉、铬、铅、汞的电感耦合等离子体质谱（ICP-MS）测定方法
NY/T 4364—2023	畜禽固体粪污中139种药物残留的测定 液相色谱-高分辨质谱法	139种抗生素类药物残留	2023	农业农村部畜牧兽医局	畜禽固体粪污中139种药物残留的定性	描述了畜禽固体粪污中139种药物残留的液相色谱-高分辨质谱测定方法
NY/T 4440—2023	畜禽液体粪污中四环素类、磺胺类和喹诺酮类药物残留量的测定 液相色谱-串联质谱法	四环素类、磺胺类和喹诺酮类药物	2023	农业农村部畜牧兽医局	猪、牛、鸡等畜禽液体粪污中四环素类、磺胺类和喹诺酮类药物残留量的测定	描述了畜禽液体粪污中15种磺胺类和14种喹诺酮类药物残留量的液相色谱-串联质谱测定方法

1. 支撑畜牧业环境执法监管

依据检测方法类标准可确定畜牧业环境监管的基本要求和标准，有助于监管部门制定相关执法措施；提供衡量畜牧业环境合规性的依据，有利于监管部门对畜牧场进行检查和评估；促进畜牧业环境管理的规范化和标准化，有助于提升畜牧业生产的质量和安全性；此外，检测方法类标准也为畜牧业从业者在环境管理方面提供明确的操作指南，帮助更好地遵守环境法规和标准。

2. 推动畜牧业环境治理相关政策落地

检测方法类标准在强化畜牧业环境的政府管理服务政策落地中扮演着重要角色。一是能够确保执行标准，标准化的检测方法确保政府管理服务政策的执行符合科学、客观的标准，避免主观因素的干扰。二是能为政策制定提供数据支持，通过标准化的检测方法获取的数据为政府制定环境管理政策提供客观依据，促进科学决策。三是能用于监督与评估，检测方法类标准可用于监督畜牧业环境政策的执行情况，评估政策效果，及时发现问题并采取措施加以改进。四是能够提升管理水平，标准化的检测方法有助于提升政府管理服务的水平，确保环境保护政策的有效实施，保障畜牧业环境的可持续发展。五是促进生产合规性，通过检测方法类标准的应用，促使畜牧业企业遵守相关环境法规和政策，提高合规性，减少环境污染风险。

3. 推动畜牧业环境相关科技创新和应用推广

标准的更新迭代带动了检测技术的不断创新和进步，提高了监测手段的精度和效率。在相关的环境标准中推荐采用了在线监测技术，如排污单位废水总排放口流量、氨氮、化学需氧量的监测方法，提高了数据的快速获取途径，但畜禽养殖行业前期管理基础较为薄弱，与工业行业相比，行业整体检测技术基础较差。因此，与时俱进的检测规范标准，有望带动检测技术升级，提高畜牧行业自行监测能力。此外，研发的畜禽粪污资源化利用新技术，在评价技术效果时，也需要规范统一的监测方法来评估，确保研发的技术具有可比性和先进性。

（三）检测方法类标准框架

按照畜禽养殖业环境管理的法律法规和相关标准规范要求，通过对畜牧业养殖环境、畜禽粪污处理与利用过程中的样品进行采样和检测分析，科学评定各个环节的样品是否达到标准中的参数规定要求，科学识别和判断畜禽养殖全过程中环境质量管理效果，是保障畜牧业绿色可持续发展、减少环境污染的重要一环。《指导意见》提出，促进畜禽粪肥还田、沼气和生物天然气利用、畜禽养殖污染防治、环境监督评价等各方面标准有效对接，加快推进畜禽粪污（肥）主要成分及畜禽养殖温室气体排放测定方法系列标准制定。基于《指导意见》中的一级指标体系，提出了检测方法类标准子体系的二级、三级指标体系的标准框架结构（图13）。

在检测方法子体系中，主要涉及采样方法和检测方法两类二级指标体系，基于检测方法类工作操作流程，在三级指标体系中，采样方法可分为气体、液体和固体采样方法3个方面的标准，在检测方法下的三级指标体系可分为空气质量类、环境卫生类、水质指标类、粪肥养分类、有毒有害类5个方面的标准。

（四）检测方法类标准应用

基于畜牧业管理相关的法律法规和标准方法，进行科学的采样和样品分析，获得被测对象的相关特征参数值，可为畜禽养殖业环境管理与制定保护决策提供科学、专业、具体、及时的数据信息，是畜牧业标准体系实施过程中的重要环节。

畜牧业检测方法类标准是根据我国畜禽养殖业全链条管理中

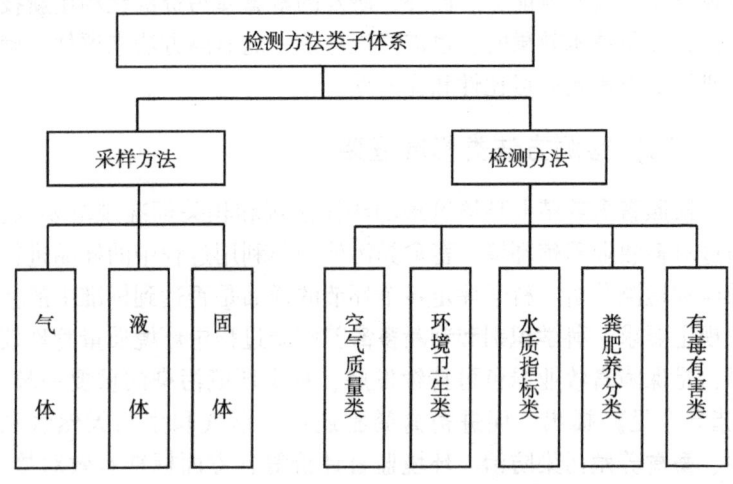

图 13　检测方法子体系标准框架图

开展监测工作的现状,进一步了解畜禽环境质量管理效果和污染物排放行为等,进行规范采样、分析、测定等处理工作而制定的统一标准。

当应用畜禽养殖业环境管理检测方法类标准时,首先涉及养殖场环境监测,包括污水处理系统监测,以确保养殖场的废水处理符合规范,不对周围环境造成污染。恶臭气体监测是另一个重要方面,通过监测和控制恶臭气体的排放,可以减少对周边居民和环境的影响。

养殖产品质量检测是关键环节。如重金属含量测定则有助于监测产品中重金属的含量,以确保产品符合食品安全标准。此外,兽药残留检测也是必不可少的,以确保畜禽产品不含有超出允许标准的兽药残留物,保障消费者健康。

环境影响评估是综合考量。标准涵盖地表水、大气和土壤环境质量评估,通过评估养殖业对周围环境的影响,可以制定相应的环境保护措施。这些评估有助于养殖业在发展过程中平衡生产需求和环境保护，促进行业的可持续发展和社会责任。

1. 检测方法类子标准体系建设中存在的问题

一是标准缺失或不完善，某些环境管理检测方法的子标准尚未建立或者已有标准内容不够完善，导致在实际应用中存在一定的漏洞或不足。二是标准更新滞后，随着科技和环保法规的不断发展，标准体系需要不断更新和完善。如果标准更新滞后，可能导致无法覆盖最新的环境管理需求和技术进展。三是标准执行和监督不到位，即使有完善的标准体系，如果在执行和监督方面存在问题，也会影响标准的有效性。缺乏有效的执行和监督机制可能导致标准的实施效果不佳。四是标准之间的矛盾或重复，在子标准体系建设中，可能存在不同标准之间的矛盾或重复，导致标准体系的整体性和一致性受到影响，增加了实施的复杂性和困难度。五是标准的普及和培训，对于新制定的子标准，可能存在普及和培训不足的问题，导致相关从业人员对标准内容和要求的理解不够深入，影响了标准的有效实施。

2. 检测方法类标准的应用实践

（1）对养殖场环境监测

畜牧环境检测方法类标准在养殖场环境监测的应用实践中起着关键作用。这些标准通常包括了对气体排放、水质、土壤质量等方面的监测方法和标准，以确保养殖场的环境影响得到有效控制。如针对气体排放监测，标准规定了使用特定类型的气体检测仪器、监测点的设置位置、监测频率等要求。通过遵循这些标准，养殖场可以准确监测氨气、硫化氢等有害气体的排放情况，及时采取措施减少排放量，保护周围环境。对于水质监测，标准规定了采样方法、监测参数、分析技术等内容。养殖场可以根据这些标准对饮用水源、废水排放等进行监测，确保水质符合相关标准，避免对水资源造成污染。在土壤质量监测方面，标准包括了土壤采样方法、理化指标检测、重金属含量监测等内容。通过遵循这些标准，养殖场可以及时发现土壤污染问题，采取措施修复土壤，保护土壤生态环境。

(2) 对环境影响评价

根据标准规范，选择适用于畜牧环境的检测方法，确保数据的准确性和可靠性。通过标准化的检测方法监测畜牧环境中的关键参数，如空气质量、水质、土壤污染等，以评估环境的整体影响。依据评估结果，制定相应的改进措施和环境管理计划，以减少畜牧活动对环境的负面影响。对畜禽养殖行业而言，污染突出和环境管理需重点改进的主要为养殖栏舍（主体工程）和污染治理设施（辅助工程）的建设和运行状况，其他如公用系统、储运系统中涉及的发电系统、饲料储存间、防疫药品储存间以及原辅材料涉及的饲料、试剂、菌剂等对管控排污单位的作用不大。

(3) 对污染防治效果评估

畜牧环境检测方法类标准在对污染防治效果评估的应用实践，应首先根据标准规范，制定针对污染源和环境特征的检测计划，如气体排放监测、气体成分分析、水质监测、重金属含量检测和有害物质检测等，确保全面覆盖关键参数；按照标准化的检测方法进行实地检测，监测环境中的污染物浓度和分布情况，如氮氧化物、二氧化硫、化学需氧量（COD）、氨氮等的浓度以及有害物质含量、处理效率等；然后对检测数据进行分析，比较实测数据与相关标准限值，评估污染防治效果的达成程度；根据数据分析结果，评估污染防治措施的实际效果，确定是否达到预期的减排和治理效果。

(五) 检测方法类标准存在的问题

一是专门针对畜禽粪污（肥）类检测标准缺乏。目前我国畜禽养殖业相关环境指标的监测基本采用通用环境类的水土气相关的检测标准，而畜禽粪污由于污染物浓度高、成分复杂等特点，现有通用类环境检测方法类标准在操作过程中存在一定的缺陷，如需要多倍数的稀释等；而专门针对畜禽粪污（肥）类的监测标准很少，目前仅有《畜禽养殖污水中七种阴离子的测定 离子色谱法》（GB/T 24876—2010）、《沼液中砷、镉、铅、铬、铜、锌元素含量的测定微波消解–电感耦合等离子体质谱法》（NY/T 4313—2023）等少数现行专门针对畜禽粪污的检测方法类标准。另外，某些重要污染物比如重金属等具有多种存在形式，包括有机物和无机物、液态和固态以及气态等，同时还存在不同的价态。

二是现行的检测方法无法满足现阶段环境管理需求。规模化集约化畜牧业的发展，伴随着出现了更多类型的新型污染物，传统的检测方法已经跟不上时代的潮流，可用性和可操作性尚待提高。个别标准配套的检测方法与标准限值相同而不能适应，很多现行的检测方法要依赖人的感觉器官，如恶臭的检测就主要依靠人类的嗅觉来进行检测，存在很大的不确定性，且费时费力，检测成本高。同时，不少现行的检测标准脱离实际，部分检测方法所需试剂是禁用药品，在检测的同时可能会造成二次污染，带来了更大的环境压力。

三是多手段应用不足。现阶段，在我国的畜禽养殖环境监测方法体系中，仍然以借鉴土壤样品的化学法测试为主要手段，这虽然保持了经典技术的严谨性，但存在成本高、污染重的弊端。然而，畜禽养殖环境污染状况调查或污染事故监测中，常常需要进行现场快速判断及污染物筛查，除了借助水和大气的监测技术外，还有一些值得探讨和开发的技术，特别是一些在国际上或中国其他技术领域已经推广使用的技术。如酶联免疫法等快检技术已经在食药监、商务、商检等领域制定为国家标准、行业标准和地方标准等数十项标准，但尚未在畜禽养殖环境和废弃物管理监测中应用。

三、检测方法类重点标准

畜禽养殖环境类标准目前主要参照生态环境部等部门制定的涉及水、土和气体检测的标准为主，当前，专门针对畜禽粪污等样品中成分进行检测的标准数量较少，近期制定发布的主要以畜禽粪污中重金属和抗生素残留检测方法为主，以《畜禽固体粪污中139种药物残留的测定 液相色谱-高分辨质谱法》（NY/T 4364—2023）为例，以期为读者进一步了解和应用此类标准提供参考。

（一）标准的起草背景

由于能够促进动物生长、提高饲料效率和治疗控制疾病，兽用抗生素和一些微量重金属元素，如铜、锌、砷等在集约化畜禽养殖业中得到了广泛应用。但值得注意的是，我国畜禽饲料中存在超量添加抗生素的现象，由于抗生素不能在动物体内完全吸收代谢，大部分以原药或异构体的形式随粪便排泄出来，这些有毒有害污染物不仅严重威胁我国畜禽产品的质量安全，而且随着畜禽粪肥农用进入土壤、水体，对环境和人体健康构成了巨大的潜在危害。同时，抗生素进入环境中，会导致抗生素残留以及传播扩散耐药细菌，人类长期摄入的药物在体内蓄积到一定浓度时，可导致急性或慢性疾病。为了确保畜禽粪肥安全使用，要在畜禽粪肥还田之前，对其进行适当处理，以便最大限度地去除和安全转化畜禽粪污中残留的抗生素。好氧堆肥和厌氧消化是畜禽粪污无害化、资源化利用的主要手段。所以，在控制和治理畜禽粪污中常规污染物的基础上，如何有效识别畜禽粪污中的药物残留危害，将是今后畜禽粪污无害化处理与资源化利用的首要问题。目前，我国尚无针对粪便基质中抗生素的检测方法标准，制约了我国畜禽粪污资源化利用的深入推进。

（二）编制方法的主要依据说明

目前，基于液相色谱-质谱法（串联质谱法）的多族抗生素及兽药残留的检测方法标准化程度较好。国内使用液相色谱-质谱法对农药及相关化学品多残留检测的国家标准有很多。2008年，颁布了7项国家标准，分别为：《河豚鱼、鳗鱼和对虾中450种农药及相关化学品残留量的测定　液相色谱-串联质谱法》（GB/T 23208—2008）、《牛奶和奶粉中493种农药及相关化学品残留量的测定　液相色谱-串联质谱法》（GB/T 23211—2008）、《蜂蜜中486种农药及相关化学品残留量的测定　液相色谱-串联质谱法》（GB/T 20771—2008）、《动物肌肉中461种农药及相关化学品残留量的测定　液相色谱-串联质谱法》（GB/T 20772—2008）、《饮用水中450种农药及相关化学品残留量的测定　液相色谱-串联质谱法》（GB/T 23214—2008）、《粮谷中486种农药及相关化学品残留量的测定　液相色谱-串联质谱法》（GB/T 20770—2008）、《水果和蔬菜中450种农药及相关化学品残留量的测定　液相色谱-串联质谱法》（GB/T 20769—2008）；2016年，颁布了4项国家标准，分别为《食品安全国家标准　桑枝、金银花、枸杞子和荷叶中413种农药及相关化学品残留量的测定　液相色谱-质谱法》（GB 23200.11—2016）、《食品安全国家标准　食用菌中440种农药及相关化学品残留量的测定　液相色谱-质谱法》（GB 23200.12—2016）、《食品安全国家标准　果蔬汁和果酒中512种农药及相关化学品残留量的测定　液相色谱-质谱法》（GB 23200.14—2016）、《食品安全国家标准　茶叶中448种农药及相关化学品残留量的测定　液相色谱-质谱法》（GB 23200.13—2016）。涉及的基质种类也比较全面，包括了水果、蔬菜、粮谷和食用菌、蜂蜜以及动物肌肉等基质。

另外，基于液相色谱-质谱法（高分辨质谱）的多族抗生素及兽药残留的检测方法目前也较为成熟，具备了标准转化的条件。2015年，Dasenaki等使用UPLC-Q-TOF-MS建立了一种用于牛奶和鱼肉中143种药物残留筛查方法，在浓度水平为150纳克/毫升（牛奶）和200微克/千克（鱼肉）时，这两种基质中药物含量大于80%，检测浓度为15纳克/毫升（牛奶）和2微克/千克（鱼肉），依旧有60%的药物被检测定量。国内药物残留检测的研究也有不少，2012年，Wang等采用UPLC-Q-TOF-MS建立了一种用于同时检测牛奶中59种药物残留和蜂蜜中54种药物残留方法，此方法定量范围为1~100微克/千克。2015年，Zhang等使用UPLC-Q-TOF-MS技术开发一种简单快速的多残留分析方法，用于筛选和定量牛奶中的90种兽药残留，结果显示药物在牛奶中的定量范围为0.10~17.30微克/千克，平均回收率在72.6%~122%。

（三）主要技术内容确定的依据

该标准的适用范围：畜禽粪便样本。

该标准使用液相色谱-高分辨率串联质谱进行检测方法开发。该标准方法学考察检测限（LOD）和定量限（LOQ）。其中LOD拟设定为信噪比为3时的样品添加浓度，LOQ拟设定为信噪比为10时且回收率结果和相对标准偏差符合要求的样品添加浓度。本标准设低、中、高3个添加浓度进行回收率测定，由于药品种类较多，无法兼顾各类药品的检出限，因此三个添加浓度定为5微克/千克、10微克/千克及50微克/千克。定量限以上添加浓度的回收率范围应该在50%~120%，结果的变异系数应在20%以内。标准曲线则使用标准储备液稀释后的系列工作溶液，设置5个点进行测定。后面有标明是基质校正曲线。

待测药单确定如下。

因标准的研制目标为完成139种药物残留的同步检测，因此建立方法之初，参考《中华人民共和国兽药典（2015版）》及《中华人民共和国农业部公告第235号》，前期选定了11类157种药物，分别为A组24种、B组23种、C组21种、D组15种、E组5种、F组12种、G组9种、H组37种、I组4种、J组4种、K组3种。

该标准所规定的固体粪便中139抗生素类药物残留测定方法与测定过程的具体内容详见该标准文本。

四、检测方法类标准建设设想

（一）加快推动检测方法类标准制定的有关建议

一是推进环境监测方法标准体系向信息化方向发展。基于畜禽规模养殖疫病防控的要求，部分区域检测人员无法直接进入现场采样；与此同时，随着电子技术和检测技术的发展，当今世界电子检测技术得到了大力发展，许多先进的在线检测技术与检测手段被引进国内，在此基础上，应该大力推进在线检测技术的改革与发展，丰富和完善现有的监测标准体系，逐步建立相关标准，完善监测机制，规范在线监测仪器的使用。结合大数据、云计算、人工智能等先进信息技术进行海量监测数据采集、分析、整理和处理，提升监测数据全面性、准确性和可靠性，并以此为依据，更全面掌握具体环境情况。利用卫星遥感技术、GPS定位等技术进一步拓展环境监测范围，优化环境监测方法。

二是不断完善和健全现有的检测方法类标准。针对现有的畜禽养殖环境和废弃物处理质量标准控制项目，补充并完善适合畜禽粪污（肥）检测方法标准，对比筛选我国目前环境检测和污染物排放相关标准控制项目和现行的检测标准，针对目前尚无检测标准的项目或是检测标准不完善的项目,建立健全相关检测标准。同时,也要完善畜禽养殖全过程中的固液气检测样品监测采样技术标准规范,根据我国的实际情况研究符合实际的样品采集技术,提高我国畜禽养殖环境和废弃物处理检测方法的可靠性与实用性。

三是与其他相关标准精准衔接,提升环境监测方法标准体系适用性。科学的方法、准确的数据采集是保障环境监测质量的基础。在我国环境监测标准制修订过程中,既要与国际接轨,重点研究国外相关行业优势,又要能适用于本土,与我国实际情况对接,取其精华去其糟粕。结合我国地域特点、文化特征,构建适用于我国的、独有的环境监测标准规范,逐步形成我国在相关领域的话语权。

(二)畜禽养殖环境检测方法类标准制修订建议

根据采样方法和检测方法标准的目标不同,结合工作进度,两类要制修订的标准各有侧重,这两类子体系分别设置3个和5个三级指标,其中采样方法主要包括气体、液体和固体样品采样规定3个三级指标体系,检测方法包括空气质量、环境卫生、水质指标、粪污(肥)养分、有毒有害5个三级指标体系。

当前,我国在畜禽粪污资源化利用检测方面标准还处于起步阶段,缺少专门针对畜禽粪污特性和粪肥养分等成分测定、水质指标等检测方法标准。基于畜牧业绿色低碳发展等要求,对于构建检测方法标准体系,建议制定国家和行业标准44项,其中现行有效的标准23项,包括国家标准6项、行业标准17项,主要以环境保护类行业标准为主,已立项正在制定的标准4项,建议制定的行业标准或国家标准17项;综合考虑畜牧业环境质量管理和畜禽粪污资源化利用等要求,检测方法标准体系建设清单与各个标准的主要用途详见表27。

表 27 畜牧业检测方法类标准建议制修订列表

第二层级	第三层级	标准号	标准名称	标准性质	主要用途
采样方法	气体	HJ/T 55—2000	大气污染物无组织排放监测技术导则	推荐性	规定无组织排放单位的气体污染物测定一般要求
		HJ 905—2017	恶臭污染环境监测技术规范	推荐性	规定不同排放组织的恶臭气体样品采集技术要求
		—	畜禽养殖场气体排放监测技术规范	推荐性	规定畜禽场气体样品采集的相关技术要求
		—	畜禽养殖场臭气监测技术规范	推荐性	规定畜禽场不同区域臭气样品采集的相关技术要求
		已立项	畜禽养殖污水 CH_4 排放监测技术规范	推荐性	规定畜禽液体粪污管理 CH_4 排放监测相关技术要求
		—	畜禽粪污 N_2O 排放监测技术规范	推荐性	规定畜禽粪污管理 N_2O 排放监测相关技术要求
		GB/T 27522—2023	畜禽粪污处理过程温室气体排放量测定方法	推荐性	规定以畜粪污处理过程温室气体排放量测定方法
	液体	HJ 91.1—2019	污水监测技术规范	推荐性	规定畜禽养殖污水样品采集的技术要求
		HJ 1252—2022	排污单位自行监测技术指南 畜禽养殖行业	推荐性	规定污水样品采集的相关技术要求
	固体	GB/T 25169—2022	畜禽粪便监测技术规范	推荐性	规定畜禽养殖企业污水达标排放自行监测技术要求
					规定畜禽固体粪样品采集的相关技术要求

(续表)

第二层级	第三层级	标准号	标准名称	标准性质	主要用途
检测方法	空气质量	HJ 1262—2022	环境空气和废气 臭气的测定 三点比较式臭袋法	推荐性	规定空气样品采用三点比较式臭袋法测定臭气强度的方法
		—	畜禽舍温室气体排放量测定方法	推荐性	规定以畜禽舍为边界的温室气体排放量测定方法
		GB/T 32760—2016	反刍动物 CH_4 排放量的测定 六氟化硫示踪法	推荐性	规定基于六氟化硫示踪法测定反刍动物肠道 CH_4 排放量的方法
		—	反刍动物肠道 CH_4 排放测定 呼吸舱法	推荐性	规定基于呼吸舱法测定反刍动物肠道 CH_4 排放量的方法
		—	反刍动物肠道 CH_4 排放测定 在线监测法	推荐性	规定基于在线仪器测定方法测定反刍动物肠道 CH_4 排放量的方法
		—	畜禽粪污处理过程含硫恶臭气体测定方法 气相色谱-质谱法	推荐性	规定基于气相色谱-质谱法测定畜禽粪污处理过程含硫恶臭气浓度的方法
	环境卫生	HJ 347.2—2018	水质 粪大肠菌群的测定 多管发酵法	推荐性	规定水样采用多管发酵法测定粪大肠菌群数的方法
		HJ 775—2015	水质 蛔虫卵的测定 沉淀集卵法	推荐性	规定水样采用沉淀集卵法测定蛔虫卵数的方法

（续表）

第二层级	第三层级	标准号	标准名称	标准性质	主要用途
检测方法	水质指标	HJ 505—2009	水质 五日生化需氧量（BOD5）的测定 稀释与接种法	推荐性	规定水样采用稀释与接种法测定生化需氧量方法
		HJ 828—2017	水质 化学需氧量的测定 重铬酸钾法	推荐性	规定水样采用重铬酸钾法测定化学需氧量方法
		HJ/T 195—2005	水质 氨氮的测定 气相分子吸收光谱法	推荐性	规定水样采用气相分子吸收光谱法测定氨氮方法
		HJ 535—2009	水质 氨氮的测定 纳氏试剂比色法	推荐性	规定水样采用纳氏试剂比色法测定氨氮方法
		HJ 536—2009	水质 氨氮的测定 水杨酸分光光度法	推荐性	规定水样采用水杨酸分光光度法测定氨氮方法
		HJ 537—2009	水质 氨氮的测定 蒸馏-中和滴定法	推荐性	规定水样采用蒸馏-中和滴定法测定氨氮方法
		GB/T 11893—89	水质 总磷的测定 钼酸铵分光光度法	推荐性	规定水样采用钼氨酸分光光度法测定总磷方法
		HJ 671—2013	水质 总磷的测定 流动注射-钼酸铵分光光度法	推荐性	规定水样采用流动注射法测定总磷分光光度法方法

(续表)

第二层级	第三层级	标准号	标准名称	标准性质	主要用途
检测方法	粪肥养分	—	畜禽粪污中钾测定方法	推荐性	规定粪污中总钾的测定方法
		—	畜禽粪污含水量测定	推荐性	规定粪污中含水量的测定方法
		—	畜禽粪污和粪肥中有机质测定	推荐性	规定固体粪污和粪肥中的有机质的测定方法
		—	畜禽粪污中挥发性固体测定	推荐性	规定固体粪污中挥发性固体的测定方法
		已立项	畜禽粪便还田利用养分追溯技术规范	推荐性	规定畜禽粪肥还田养分利用监测和记录要求
		—	畜禽粪便好氧堆肥腐熟度检测技术规程-发芽指数法	推荐性	规定采用种子发芽指数测定好氧堆肥腐熟度的方法
		已立项	畜禽粪便中总氮测定方法	推荐性	规定粪便中总氮的测定方法
		—	畜禽粪污中氨氮测定方法	推荐性	规定粪污中氨氮的测定方法
		已立项	畜禽粪便中总磷测定方法	推荐性	规定粪便中总磷的测定方法

（续表）

第二层级	第三层级	标准号	标准名称	标准性质	主要用途
检测方法	有毒有害	GB/T 24875—2010	畜禽粪便中铅、镉、铬、汞的测定 电感耦合等离子体质谱法	推荐性	规定采用电感耦合等离子体质谱法测定畜禽粪便中铅、镉、铬、砷、汞4种重金属的方法
		GB/T 24876—2010	畜禽养殖污水中七种阴离子的测定 离子色谱法	推荐性	规定采用离子色谱法测定畜禽养殖污水中7种阴离子的方法
		—	畜禽粪污中总盐分的测定方法（全盐量等）	推荐性	规定固体粪污中总盐分的测定方法
		—	畜禽粪水中铜、锌、砷、镉、铅、汞测定 ICP-MS 检测法	推荐性	规定采用 ICP-MS 法测定养殖污水中铜、锌、砷、镉、铅、汞7种重金属的方法
		NY/T 4363—2023	畜禽固体粪污中铜、锌、砷、铬、镉、铅、汞等离子体质谱法	推荐性	规定采用 ICP-MS 法测定畜禽粪污中铜、锌、砷、铬、镉、铅、汞7种重金属的方法
		NY/T 4364—2023	畜禽固体粪污中139种药物残留的测定 液相色谱-高分辨质谱法	推荐性	规定采用液相色谱-高分辨质谱法测定固体粪污主要抗生素残留的方法
		NY/T 4440—2023	畜禽液体粪污中四环素类、磺胺类和喹诺酮类药物残留量的测定 液相色谱-串联质谱法	推荐性	规定采用液相色谱-串联质谱法测定液体粪污中主要四环素类、磺胺类和喹诺酮类药物残留的方法
		—	畜禽养殖废弃物中磺胺类、四环素类和喹诺酮类的测定 高效液相色谱-串联质谱法	推荐性	规定采用高效液相色谱-串联质谱法测定养殖废弃物中主要四环素类、磺胺类和喹诺酮类药物残留的方法